CONTENTS
目录

圆珠笔

签字笔

铅笔

自动铅笔

橡皮擦

●●笔记本

封蜡

工程笔&标尺

刀具

装订黏着工具

STATIONERY

谈 文 具
STATIONERY
COLLECTOR

Visconti 一体成形牛皮笔筒。　Visconti 一体成形牛皮笔盒。　MONTBLANC 149 经典系列钢笔。　MONTBLANC 白兰地棕色拉链式中型记事本。　MERCHANT & MILLS 英国缝纫剪刀。　Tom Dixon 黑色纸镇。　Visconti Home Sepiens 智人火山熔岩 25 周年钢笔。　PRADA 桌上皮革笔记簿系列。　EL Casco 西班牙黄铜削铅笔器及桌上型订书机。　MIDORI TRAVELER'S notebook 真皮日记本。

沈昶甫
从小开始收集文具一直到现在研究文具、写文具博客、出版文具书籍，进而开了家文具店并设计文具。然而就在这些无意的举动之中，文具病也逐渐蔓延至其他人身上。目前在照顾"直物生活文具"这家店，也经营名为"文具病"的博客。著有《文具病》一书，同时也是交通大学应用艺术研究所博士生，研究视觉心理学以及人与物的互动。

文_沈昶甫　摄影_王汉顺　图片提供_沈昶甫

文具搜藏的门道
文具生活家沈昶甫

若把文具比喻成物种，那他一定是最具多样性的生物。要如何欣赏文具、收藏文具，是初访文具之森的朋友们应该先阅读的森林导览。

在日常生活所使用的各种器物道具中，文具可说是与我们关系最密切、使用时间最久也最频繁的道具了。也因为如此，文具在外观以及功能上的设计在经过几乎与人类历史等长的时间演变之后，有着非常丰富的发展。从外观来说，我们可以在文具上看到维多利亚时期的华丽纹饰、20世纪30年代的流线型设计、运用丰富色彩与大量塑料所构筑出的波普风格文具，接着是从热情转入冷静的极简风格，以及融合各时期特色的现代文具。而在功能上更可以看见许多为改善从事文书工作所遭遇的问题，或是为增进工作效率所做的设计，例如近年来引起话题的可擦式原子笔以及可以常保笔芯尖锐的自动铅笔。

文具角色的变革
其实从上个世纪末开始，文具已经悄悄面临一场革命，而这几年来计算机以及手持式信息设备、云端服务的普及更加速这场变革——也就是让文具走上电子化一途。Evernote、Google云端硬盘、能实时把书写的数据存入计算机的电子笔等等，这些电子文具可说是众人的注目焦点。虽然传统文具的设计依旧精美、性能表现依旧可圈可点，但是在目前的环境中，传统文具的角色也随着这场变革慢慢调整中。

除非是至今仍不用计算机、不用移动电话的人，否则使用传统文具的机会与以前相较之下必然减少许多。在传统文具使用机会减少的情况下，它究竟是以什么样的形式与现代人的生活产生联系？我观察到"怀旧感"是一项重要因素，其重要性甚至已经与文具的"功能性"平起平坐、影响了使用者选择文具的偏好。这样的变革在电子文具出现的短短几年内就已经十分明显，的确令人感受到这股数字浪潮在各生活层面所带来的剧烈改变。

在这股怀旧感的影响下，选购文具时就特别容易被经典文具吸引住。所谓的经典文具几乎都有个共同特色，就是已经生产一段很长的时间、甚至不乏已生产超过百年的文具；在这么长的时间当中，即使历经多次的潮流转变以及新科技的冲击仍然能够在市场中保有一席之地，必定有它过人之处——也就是能让它成为经典的理由。

原创设计成就经典不灭
许多文具品牌都有经典文具，例如CARAN d'ACHE的Fixpencil曾被瑞士邮局印制成邮票以彰显其经典设计，而它们的削铅笔器也堪称经典。Pentel公司所生产的Sign Pen成为后世签字笔的模仿物品，是文具迷公认的经典签字笔。肥后守小刀从19世纪末开始生产至今，也成为许多类似产品的模仿物品，包括许多人小时候都曾拥有的超级小刀，而它的功能也随时代而演进，现在最常被用来削铅笔。

从这些经典文具中可以发现它们都是原创的设计，而且能提供新的体验——包括视觉、触觉或是使用上的体验，或是能解决问题，而这些就是我在收藏文具时考虑的部分重点。说是部分，因为收藏时还有其他因素，例如稀有性等要考虑，但是对一般文具爱好者来说，若想挑选经典文具并不需考虑那么多，从刚才所说的那些方向去寻找，或是到一些专业的文具博客看看也不失为好方法。

当初我成立博客的用意就是希望以剖析的方式，从设计与历史等方面把文具介绍给大家。一方面是想让大家了解平常不会去注意到的、文具的另一个姿态，另一方面则希望

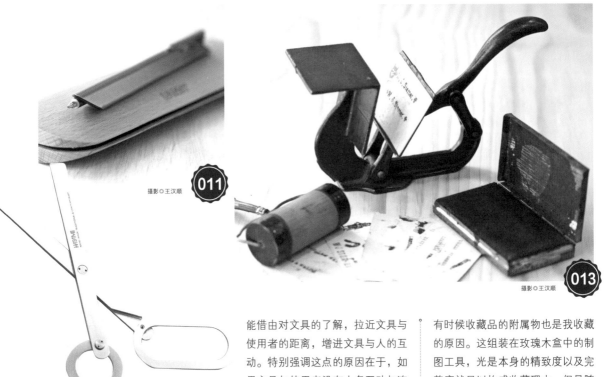

攝影◎王汉顺 **011**

攝影◎王汉顺 **012**

攝影◎王汉顺 **013**

011. 在文具中也偶有名家设
计的作品，相当值得玩赏。例
如 由 Richard Sapper 设 计 的
LAMY 笔与笔盒，在线条或是
材质上都有种对比带来的美感。
012. 由川崎和男所设计的剪刀
已经打破剪刀给人的印象，仿
佛是一件现代雕塑品。
013. 这是最小型的活版印刷机，
用来印制名片。其实古人也有
DIY 的精神！

能借由对文具的了解，拉近文具与
使用者的距离，增进文具与人的互
动。特别强调这点的原因在于，如
果文具与使用者没有太多互动与连
结，文具终究是文具、是物品、无
法融入于日常生活中，让仍蕴藏许
多可能性的文具，就只能用来处理
它原先被认为应该胜任的事。

文具收藏的"眉角"
经典文具的挑选有些方向可以参
考，但挑选收藏文具时又有更多因
素要考虑。以这批古董铅笔为例，
虽然就铅笔本身来说颇有历史，但
是它在收藏市场上并非特别罕见的
珍品，而我收藏它的原因也不是单
一商品的珍稀性，而是要找到12打
装、还附上包装盒的完整商品非常
少见。此外这批铅笔的硬度是B，
在古董铅笔当中HB、B这类常用硬
度比较少见，因为大多在当时就已
经用掉了，这12打铅笔也因为这点
更显珍贵。

有时候收藏品的附属物也是我收藏
的原因。这组装在玫瑰木盒中的制
图工具，光是本身的精致度以及完
整度就足以构成收藏理由。但是随
盒子附上的购买收据则是这组收藏
品的另一个可看之处。依收据上记
载，这组制图工具购于1912年，
而且购买地点就是知名连锁药妆店
Boots。从收据表头上可以看出当
年的Boots也兼营文具业务，也能
看到当时的负责人就是Boots的第
二代掌门人Jesse Boot，而Boots
就是在他手上开始迈入国际化。我
把这种能借由收藏得知当时的历史
称之为收藏者的特权，这也是收藏
文具的趣味之处。

失落的收藏拼图
既然是收藏家，就一定会有遗珠之
憾。找寻这些未能收藏的逸品也是
驱使收藏家们继续收藏的动力。树
木铅笔是一款以各种木材制作的铅
笔，共推出上下两辑、合计40支铅

015

圖片提供◎沈昶甫

014

攝影◎王汉顺

016

图片提供◎沈昶甫

笔，因此也使用了40种木材制作，整套铅笔宛如木材样本般，相当赏心悦目。但由于制作上有难度（当时都差点无法完成），因此只生产一批之后就绝版，是铅笔收藏者心目中的梦幻逸品。我于数年前在偶然的机会下，极其幸运地收藏了下辑，但上辑一直遍寻不着。像这种完成了一半的收藏最令人挂念。有朋友说"宽心点，你这不是已经收藏了一半吗"，不过我那朋友肯定没有收藏的习惯，因为这不是收藏了一半，比较像是一幅1000片的拼图已经完成了999片，但剩下的一片却不知在哪里的感觉。

也曾经遇过不少人问我要如何开始收藏，有心想要收藏的朋友一开始最容易有个盲点，就是追逐热门的收藏品。如果想要当个认真的收藏家，打算将其当作毕生职志，这么做也无妨。但我相信绝大多数的人并非如此，那么何不收藏自己有兴

趣的文具，而不是跟着别人来收藏呢？例如我有些日本的收藏家友人，就因为对橡皮擦有兴趣而专注于收藏橡皮擦。还有一位的收藏习惯也很特别，他喜欢盒装的文具，因此在他的收藏中不论是笔或是橡皮擦等等，虽然不见得都是很珍稀的文具，但都是一整盒的大包装。

在我的博客中，也较少介绍已被炒作过头的热门收藏，尽可能介绍一些较不受注意的文具。不管是举这些收藏家的例子也好，或是博客的介绍方向也好，就是不希望让有心的朋友失去寻找收藏方向的机会。收藏这么多年后我深深体会到，不论见林不见树还是见树不见林，最重要的是在森林里找到自己想看的那块风景才对。

014. 早期文具的设计也流露出令人钦佩的智慧。红色这把是古董亲子剪刀，小孩的手指握住握把内侧的小洞，父母亲的手指则放入外侧的洞内，以大手握小手的方式操作剪刀，让孩子熟悉肌肉的控制。前人的设计智慧也沿用至现代，只不过握把的配置稍作改变。

015. 以各种木材制作的铅笔，共推出上下两辑、合计 40 支铅笔，因此也使用了 40 种木材制作，一推出就绝版，是文具迷的梦幻逸品。

016. CARAN d'ACHE 的 Fixpencil 是被瑞士邮局印制成邮票的的经典笔款。

文_叶静芳　摄影_王汉顺

周游世界的文具搜猎版图

礼拜文房具 Karen

喜爱文具到了达人的地步，收藏品多到家中放不下，
因而开了一家文具店的礼拜文房具经营者Karen，
是个不折不扣的文具收藏家，足迹遍布世界各地，寻找心中最隽永的文具。

经营了一家文具迷耳熟能详的文具店，本身也是平面设计公司经营者的Karen，十五年前开始一头栽入文具的世界，曾经为了在国外拍卖网站下标古董名笔而夜半不眠，只为了得标那刻的喜悦！她收藏的是文具，是我们每天日常生活最贴身的道具，也是最容易展现个人美感与品位的物品，Karen谦虚地说道她买文具、爱文具并非用来投资，也不是所谓了解文具内部构，她收藏文具纯粹因为文具之美，通过这些工艺家、早期的设计师及工匠，创造出美丽的文房具用品，不仅充实了她的生活，也抚慰了她的心灵！

请分享你收藏文具的经过，以及印象最深刻的故事。

Karen：十五年前第一次在国外的竞标网站买文具，因为发现了一批相当罕见的笔，兴奋到睡不着觉，一直到凌晨6点竞标成功，才能安心入睡！由于卖家是每件分开竞标，结束的时间各自只差一分钟，竞标的过程很刺激，像这样的竞标方式有过好几次的经验，当然也有失败的情况，当时老觉得是日本人才有这样的魄力（笑）。

文具对你有什么样的意义？

Karen：我觉得文具有一种魔力，是一种能抚慰我心灵的物件。

心目中无可取代的经典文具是哪一件？那些文具是平时随身携带的？

Karen：其实很多耶，但现在出现的我脑中的是已经绝版的EBERHARD FABER铅笔，当时是一整批收购（英文称为Mint），大约有六箱，一共花了2万多台币（合4000多人民币），可以说是我收藏中最贵的铅笔了！我通常依照季节和心情携带随身的文具用品，目前最常携带的古董笔，有着相当细致美丽的花纹，每当拿出来使用就会感觉心情愉快，就算是看着它也会觉得心轻飘飘的，文具就是有这样迷人的魅力！

收藏时的挑选原则是什么？注重实用主义还是工艺，亦或后续的维修服务？

Karen：我真的很喜爱文具，所以买得也很多，一开始是喜欢就买，多元地收购，但买到后来渐渐地归纳出来，一定要有"隽永"的美丽，美丽的定义当然每个人都不同，但我喜爱历史悠久的品牌，在

品牌之内又钟爱经典的系列，在经典的系列中又特别只收藏Vintage的品项。我认为能经过时间考验的设计才是真正的好设计，不管是文具本身的造型比例或是设计，一定要经历时间的淬炼才会有种看不腻的纯粹。此外，文具一定要实用，所以笔要好写是基本的，纸要好用也是基本的，我也从不会自行拆解文具，除非换墨水或是自动铅笔卡住等小问题。维修服务从不在我的考虑范围内，除非是很高价的商品，但我想我这辈子都写不完我拥有的笔，也用不完我买的笔记本（笑）。不过我还真希望台湾也能有像英国那样专修笔的老店，让需要的人可以付费维修，一件好东西是可以被珍惜使用一辈子的。

店里的精选物品是如何搜集而来？最近是否又收集了其他梦幻逸品？

Karen：店里贩卖的几乎都是我自己买过用过和想要入手的文具，所以伙伴们都会觉得根本就是因为自己想买才会开这家文具店（笑），但最近我有些坐立难安，因为很久没有让我心跳加速的文具出现；最近自己也在英国的eBay逛得很开心，感觉好像发现了一个新大陆。

你是否经常旅行？最近一次的旅行和哪些爱不释手的文具相遇？

Karen：每年大约会进行两次旅行，最近一次是在柏林，到了一家一直很想去的文具店，也买到了好几年前一直想要的物品，并且也想引进台湾，也已经跟德国厂商谈过了，只是价格对于台湾市场来说会是很大的挑战，正在考虑中。

你喜欢的旅行地点，以及目前最想去的地方？

Karen：我喜欢欧洲，很多国家和城市都还没去过，接下来的几年希望可以一一拜访。此外，我也想去纽约，纽约也有很多家文具店，希望可以好好地逛一逛！

除了可以买得到的文具之外，你是否也收藏古董或是买不到的限量版？可否介绍特别喜爱的珍藏？

Karen：我觉得自己应该是有恋物癖吧，收藏的品项真的有点多（笑），但是总归还是围绕着Vintage打转。从十多年前收集企业人偶、星战、古董相机、老家具、二手生活道具。时期不同，收集的的品项也不同，通常买到一个等级，就会停下，等级越高，能引起兴趣的大都是很难找到、或是价格太高的梦幻逸品，到达这样的状态才会进入下一个项目。目前最贵且最稀罕的就是放在店里的古董印刷机了，足足找了一年！最近也买到一台很稀有的印刷机！

你心目中理想的生活方式？

Karen：虽然现在工作很忙碌，除了设计公司还有文具店的双重压力下，几乎晚上和假日也工作时间居多，但是却常常不觉得自己是在工作，自己喜爱设计，也喜欢文具，更喜欢这中间进行或发生的事，即使是很让人感到繁琐的事，也让我

017. 英国 Merchant&Mills 短铅笔。

018.（左）美国 Mirado writing pencil。（中）市面上已经绝版的 EBERHARD FABER 铅笔。（右）Blaisdell 的富兰克林铅笔。

觉得是在学习新事物。从来没想过要把工作和生活分开，"Live your dream"是我的生活和信念，我想我正活在梦想里，但还是有很多梦想希望一步步去经历、去实现。

本身是否也从事文具设计？哪些文具设计师是你欣赏或密切注意的？

Karen：没错，我也正在进行文具设计中，想要推出自有品牌，我通常不太会去注意文具设计师，但是会注意名设计师和文具品牌Cross Over（跨界）推出的联名品牌或商品。

如果以投资的眼光来说，如何辨识哪些品牌或经典／限量品项值得入手？

Karen：我通常不建议把文具当成投资品，因为如果以这个角度来说的话，有很多其他物品的投资报酬率会比文具来得高出很多。但是钢笔可能是比较有投资机会的，只是自己目前没有涉猎这么深。

你都在哪个国家或城市、以什么样的渠道寻宝？

Karen：日本应该是全世界文具做得最好，品项也最多的国家，日本人也会把世界各国的品牌引进，所以只要去一趟东京就能看到很多好东西。另外，我也喜欢购买文具相关的书籍杂志，几乎每个月都要大量阅读这些资料，也会上网找国外的博客，总是因为这些方便的信息链接，最后就找到自己想要的东西，比如多年前我第一次发现了一个专卖老笔的网站，一次就买了几万元的笔，都是绝版的新品，这些东西都会随着时间而越来越稀罕，因此当时宁愿一次多买一些，也不愿意错失机会！

019. 礼拜文房具的 Selection 商品，印上店名 Tools to Liveby 的 AutoPoint 旋转式铅笔，双头蓝红笔芯。
020. Karen 的古董收藏笔。
021. 礼拜文房具的文具礼物罐，可以将自己喜欢的文具放入瓶内。

文_Kimi Huang　摄影_Johnny Ka

把翡冷翠的文物宝藏带回家
古董文具收藏家高梨浩一

吉祥寺"Giovanni"店主高梨浩一，一个对欧洲古董文具充满热情的年轻男子，
关于店内或他收藏的每件文具，总能够详细地解说由来和有趣的故事。
他在乎与每件文具收藏品相遇的过程，听他说起就像听了一段文艺复兴时期的轶事，
中古世纪的文具在眼前，时空交错几番流转，如幻如真，这就是古董文具的魔力。

收藏物品的方式有很多种，也许是针对投资，也许是跟随某个趋势，但对高梨浩一而言，他是用五感去挖掘心中的珍宝。为了让"Giovanni"完全地道与翡冷翠的文具店一致，店里流泻着意大利的广播，他穿着前往旅行地购买的服装，在当地除了看文具，也前往集市，看见店家充满艺术性的排列方式，也看见邻近小岛上的渔船漆着热情的色彩。收藏之于他，是从当地的生活中找到灵感，连呼吸与眼光都与当地一致，才是他理想的收藏境界。

关于收藏文具的经过，是否有什么故事能与我们分享？

高梨浩一（后简称高梨）：开店以前，我曾在日本著名的文具用品公司工作，常有机会出差国外并接触欧洲的文具品。但我本来就喜欢旅行，第一次前往西班牙时受到欧洲文化的洗礼，感到很震撼，从那时就开始收集了一些当地的东西，后来认真追溯起欧洲的古典文具，特别是意大利文艺复兴时期的文具，从此开始了收藏的人生。

心目中无可取代的经典文具是哪一件？

高梨：对我而言，无可取代的经典文具就是"羽毛笔"和"封蜡章"，不但占了我收藏上的重要位置，也是这家店的起源。

你收藏相当多且不乏精品的文具，挑选原则为何？注重实用主义还是工艺？又是怎么累积这些古董文具的知识？

高梨：我都是凭当下的感觉购买收藏品，也常常扛回很多占位置的珍宝奇件（他笑着指了指店内展示架的顶层，放着好几件古董铜器装置艺术品，和古董制图纸、海报等）。在欧洲，特别是意大利的文具店、文具展览会、甚至是偏远小岛上的店铺，到处都有古董奇物，我现在已经累积了多年经验，不会马上下手，会注意年代、保存性、珍奇性还有故事性，再进行收藏。欧洲的古城堡或古屋都是整个原封不动一起拍卖，因此市面上很容易出现大量古董，必须要冷静地分辨。早期当我在书店发现13世纪作家的书，竟然跟一般的现代作家的书摆放在一起卖，那种震撼可想而知了；但这对欧洲人来说同样都是书，只是时间的远近差异而已，一般性的古董文具与百年建筑的对待态度是无分古今、与生活并存，但在亚洲人眼里，可能都是被列为应送进博物馆保藏和指定维护的古迹了吧。

店里的精选物品是如何搜集而来？通过什么样的渠道或路线寻宝？可否还有想收集的梦幻逸品？

高梨：都是我亲自踏寻意大利去找来的，通常在米兰、罗马、佛罗伦萨、拿波里等地。想要找到值得收藏又特别的文具，我的经验是不要在交通方便的繁华地区购买，有时就会出现名不副实的物品，真有心就要深入到小岛镇上，绝对会有意想不到的收获与发现。刚开始不熟路线集散地时，也可以通过意大利的古董文具网页，上面有详列店家工坊及展览信息，搜寻自己想前往的地方开始第一步。如果问我还想要什么逸品，目前想找到中古世纪贵族的纯银质封蜡章。

除了可以买得到的文具之外，你是否也收藏古董或是少见的限量版？

022. 金属装饰鹅毛蘸水笔。
023. 150年前的"扑克牌"，来自西班牙。表现着西班牙传统的文字与图案，亦类似现在的小孩子习字卡的作用。
024. 150年前的"Blotter"（印章板），意大利造。
025. 19世纪后半时期，100年前的"制图道具组"，意大利造。
026. 中古世纪的"宣令书"，意大利造。

可否介绍你特别喜爱的珍藏？

高梨：我的店和我的收藏，可能被认为是以古董趣味收藏为主，但是所谓古董的分界，欧洲和亚洲的观点不同；在亚洲可能超过100年以上就归类成近代古董类，但在欧洲的物品和建筑，得是出自12世纪以前，才能在拍卖市场上被称为真正的古董吧。而我收藏的物件，虽从100年前到600年前的文具类都有，但跟欧洲收藏家比起来东西还"太年轻"了（笑），所以也无法完全自称为古董收藏家。这次特别带来的收藏与读者们分享，大部分是从意大利收集而来的。

本身也从事文具设计吗？或者哪些文具设计师是你欣赏或密切注意的？

高梨：目前店里部分"封蜡章"（Sealing stamp）的图案有些是我设计的，还有皮革手帐等，选择材质和改变一些细节设计，直接和合作往来的意大利当地工坊订制，成为本店的原创文具物品。我择物是以物品感觉为主，所以没有特定欣赏的设计师，但看过很多欧洲的东西之后，回过头发现日本职人的优点和美好，也觉得日本传统百年工艺的和纸或漆艺等，该更加发扬光大才对，只是我自己的范围设定在欧洲古董文具，所以目前没有打算越界。

你是否经常旅行？最近一次的旅行和哪些爱不释手的文具相遇？

027

028

029

030

高梨：我每年至少前往意大利一次，除了工作上参观工坊和各种文具展览以外，也会私下到意大利各地偏远的小岛去寻找新的藏宝地。每次去时，都会带回不少物品，像羊皮纸及古董笔，之前还曾收集到少见的欧洲昆虫古董标本。

你喜欢的旅行地点，以及目前最想去的地方？

高梨：西班牙和意大利，是我于公于私都常去也喜欢去的地方，无论去几趟，依然能够发现新的宝物。以后想换个不同的文化背景，去南美探访看看，例如跟当地人一起饮酒舞蹈、体验生活，应该是值得深入了解，并且有不同气质的有趣物品会出现的地方吧。

你心目中理想的生活方式为何？之后还有些什么计划？

高梨：一年当中努力工作，七八月放暑假去旅行，然后转眼又到了圣诞新年假期……其实就跟现在的生活状态很类似，所以目前很满足，未来大概也不会改变吧。但目前唯一还有个小小的不满意，就是店内写字台展示柜的陈设与物品，还隐约有和风味，我的期许是完全翡冷翠气质的文具店出现在吉祥寺，不是形式的模仿，而是以浑然天成的方式表现出翡冷翠的感觉，才是我的理想。

027.中世纪传统手稿印章。
028.Rubinato 威尼斯玻璃凤凰封蜡章和 Rubinato 双字母组合木轴封蜡章。
029.Rubinato 金属和木头章柄。
030.公元 1600 年后半的"戒环封蜡章"，是高梨从米兰距离一小时车程再深入的小镇上发现的。过去贵族们以戒环图腾当成个人印章签名使用，如果去世时也一并得处理掉这个戒环，很具象征意义。

031

032

033

034

035

036

STATIONERY

搜 文 具

STATIONERY

CLASSIC & DESIGN

031.古董手调式印章。032.古董胶带台。033.数字铅字盘。034.MIDORI 黄铜尺及黄铜笔盒，尺表面刻度皆为刻制而成，取代容易磨损的印刷方式，而标尺下缘的特殊设计，让使用者按压此处即可让铜尺翘起，方便拿取。黄铜让标尺同时兼具质与量，并会随使用习惯的不同与时间的累积，改变色泽与样貌。035.ystudio 物外设计原子笔、自动笔、钢珠笔。036. 月光庄信纸。037.Jansen 德国手工墨水。038.ystudio 物外设计木头结合黄铜笔筒及笔盒。039.MIDORI 日本黄铜标签牌及墨水瓶，分别有圆形与如复古车牌般的数字造型书签夹、可标示文件的标签牌，以及两用型索引夹。040.复古学童笔盒。041.日本一体成形可拆式不锈钢剪刀。042.法国锡制拆信刀。

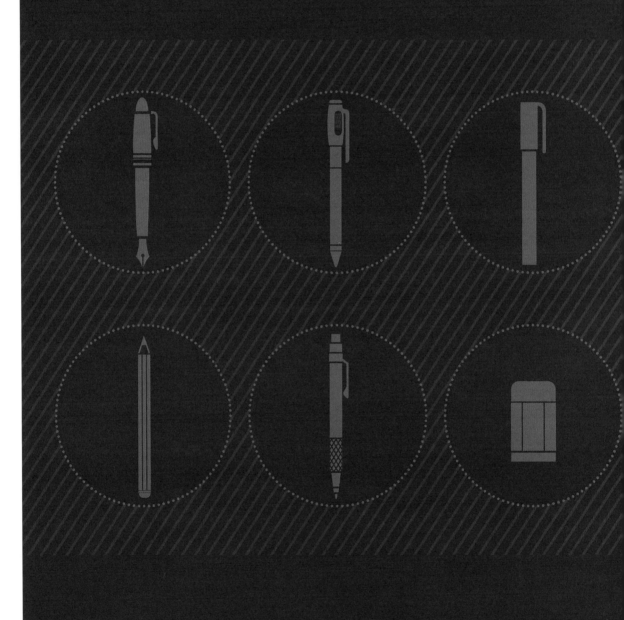

WRITING EQUIPMENT
书 写 工 具

最优雅的书写工具
钢笔

钢笔在日本又称万年笔，隽永为其本质，书写为其根本。

钢笔发明于1884年，自Sheaffer 1920年代改良的拉杆式上墨钢笔发明后，内含墨水、可随身带着走的钢笔出现，满足人们对于随身书写的需求。钢笔百年间发展出如CROSS, Pelikan, MONTBLANC, Graf von FABER-CASTELL与Visconti等笔厂，孕育兼具美丽、好写双重特性的钢笔。各家笔厂除历年畅销笔款之外，推陈出新的限量、复刻版本与新主题持续撩拨文具迷的心，如CROSS 2014马年皇家纪念笔、Pelikan文字的演变限量钢笔、MONTBLANC万宝龙MEISTERSTÜCK149经典钢笔等。

在发展黄金时期与使用的全盛时期结束后，钢笔在书写习惯改变之下，仍受推崇其独特书写手感的新旧生代爱戴，这一群人坚守对钢笔质感的温暖守候，孜孜不懈于古董钢笔或新系列钢笔的维修与搜集，让我们看到了，钢笔除了是口袋上美丽的存在外，更是对于一种书写手感不愿遗忘的坚持。

笔尖

笔尖的材质以书写滑顺的柔软金质、以及坚硬无变化的不锈钢为主流，然而影响书写风格的是笔尖的厚度与弯曲弹度。此外尺寸也分为记事用的细字F尖、签名用的粗字B尖等，可依个人书写习惯挑选合适笔尖。

上墨方式

钢笔的上墨方式分为吸墨式、卡式、吸卡两用式三种，最典型的为将笔尖置入瓶装墨水吸墨的吸墨式，便于抑制墨水开销为其一大特征。而卡式只需更换墨水管就能轻松携带使用，但是相较瓶装墨水的颜色种类较为受限。吸卡两用式如其名，即为吸墨式与卡式皆能用的两用式，可以依场合挑选使用，非常方便。

关键3

笔盖
功能是为了防止墨水干涸、保护笔尖，多以螺牙锁固、弹性簧片夹紧等方式固定。而笔盖最顶端的部分称为天顶，设计上多为品牌的商标图案。

关键4

笔夹
笔盖上方便固定于口袋的设计，也能防止钢笔滚落。品牌多有各自的特殊造型，部分钢笔的笔夹是可以调整松紧度，无不展现设计者的巧思。

关键5

笔杆
笔杆包裹储墨装置，形状设计上方便使用者握笔，材质有黄铜、塑料、上漆等各式种类，而连结笔尖与笔杆的握位舒适性至关重要。

令人注目的美丽文房具

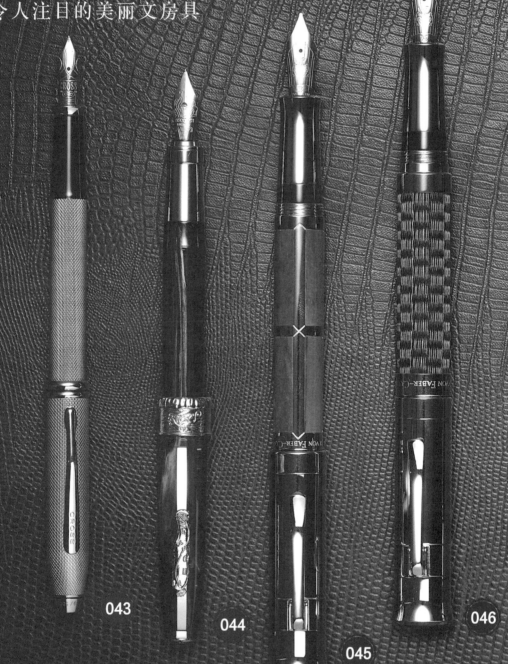

043

044

045

046

043. CROSS Townsend 涛声 23K 金顶级限量纪念笔
Townsend 20 周年限量纪念笔以独特的钻石纹路蚀刻笔身并搭配珍贵的 23k 镀金，全球限量 500 支。

044. Visconti Dalì Dance of Time 达利纪念款钢笔
笔身材质为树脂并切磨 18 面，采用达利最著名的 "Dance of Time" 为笔夹的立体图腾，不锈钢尖的图样精致，笔环并刻上达利的亲笔签名。

045. Graf von FABER-CASTELL 木化石 18K 金限量钢笔
以三亿六千万年木化石为主题，全球限量 2,007 支，嵌入一个钻石切割面的木化石，精致抛光镀白金，笔尖为 18K 金。

046. Graf von FABER-CASTELL 缟织马毛年皮限量纪念钢笔
马毛编织这项古老工艺几乎失传，将马毛精细的颜色及粗细筛选，最后成为 1cm 为单位的格状编织，笔尖为双色 18K 金，全球限量 2009 支。

047

048

049

050

051

047. MONTBLANC 约翰·列侬特别系列
以约翰·列侬的吉他为设计灵感，黑色珍贵树脂笔身上柔和的环状凹线如同吉他设计，笔夹的形状是雕刻精细的吉他琴颈，18K 金包铑笔尖。

048. CROSS 2014 马年皇家纪念笔
以数层手工白色珐琅亮漆，骏马刻划笔身，采用 23K 镀金笔身，同时搭配饰有独特马型设计的 18K 纯金笔尖。

049. Pelikan 文字的演变限量钢笔
回顾数千年前文字的起源，笔盖由高级树脂制成，镀金并漆饰的笔杆上刻有原始洞穴壁画主题，限量序号雕刻在汲墨旋纽上，全球限量 930 支。

050. MONTBLANC MEISTERSTÜCK149 经典钢笔
黑色树脂笔身，18K 金笔嘴镀白金，每一支笔都以手工镌刻印上《Meisterstück》，经典系列刻有符号数字 4,810，代表白朗山峰的高度。

051. Pelikan 火限量钢笔
笔杆由黄铜制成并上数道鲜艳的红漆，笔杆火焰由激光雕刻再镀以 24K 纯金，五颗黄玉宝石令火花更加生动，18K 金笔尖并装饰铱金粒，全球限量 500 支。

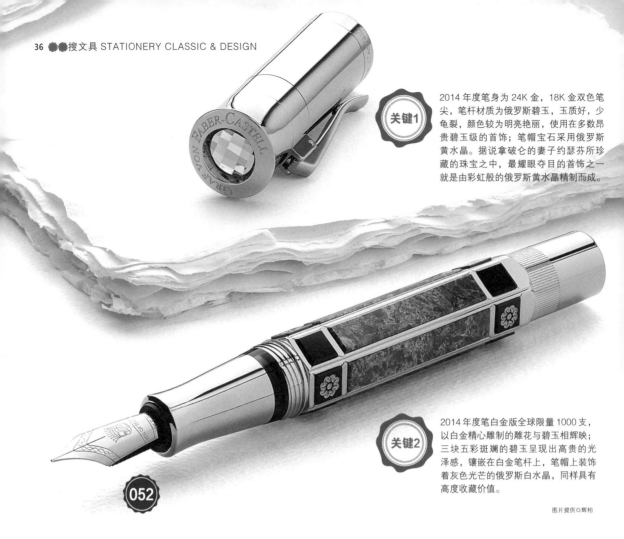

关键1

2014 年度笔身为 24K 金，18K 金双色笔尖，笔杆材质为俄罗斯碧玉，玉质好，少龟裂，颜色较为明亮艳丽，使用在多数昂贵碧玉级的首饰；笔帽宝石采用俄罗斯黄水晶。据说拿破仑的妻子约瑟芬所珍藏的珠宝之中，最耀眼夺目的首饰之一就是由彩虹般的俄罗斯黄水晶精制而成。

关键2

2014 年度笔白金版全球限量 1000 支，以白金精心雕制的雕花与碧玉相辉映；三块五彩斑斓的碧玉呈现出高贵的光泽感，镶嵌在白金笔杆上，笔帽上装饰着灰色光芒的俄罗斯白水晶，同样具有高度收藏价值。

052

图片提供◎辉柏

FABER-CASTELL
世界上最古老的书写工具

身为全世界最早的书写工具品牌，FABER-CASTELL明白创造出一款
艺术品级的书写工具，也必须保有传统的原则，无论是经典的铅笔，
还是收藏家的瑰宝文具，FABER-CASTELL始终维护优良传统的精神。

德国FABER-CASTELL于1761年开启了最古老书写工具品牌的第一页，它不仅是木铅笔最古老的制造商，而且也以石墨和彩色铅笔享誉全球，即使已过250年仍屹立不摇。每一代继承人，都一直秉持代代相传的原则，到继承人Anton Wolfgang Faber Castell伯爵，受祖先精心制作书写工具启发，重新为书写工具赋予生命，并且运用现代科技使其永恒设计延续至今。2014年限量版的年度笔是以圣彼得堡凯瑟琳宫"玛瑙宫殿"的建筑材质、结构意象为灵感，并邀请俄罗斯历史古迹修复大师Boris Igdalov亲自参与年度笔的制作过程，设计出两款别具心裁的样式，两种钢笔皆以棕红色光泽的俄罗斯碧玉为主调。Boris Igdalov以宫殿内的古典设计为笔身造型的灵感来源，包括细节与色调，华丽的矿石材质与图纹，完整呈现出俄罗斯皇室的奢华与盛世之姿。推出特别限量版24K金的2014年度笔全球仅有150支，六块华美俄罗斯碧玉前后相拥着黑色赛璐珞以及代表俄罗斯国花——向日葵黄金雕花样式。此外，两颗如阳光般耀眼的俄罗斯黄水晶，闪耀在笔帽之上。

Pelikan
用艺术向百万年极冰致敬

Pelikan品牌代表着拥有广泛产品类别的可靠书写工具。
品牌秉持传统精神，凭借着百年经验，
无论是钢笔、钢珠笔或原子笔，
每支笔都代表着品牌独一无二的精神与信念。

品牌1838年在德国汉诺威最早创立于，Pelican代表"鹈鹕鸟"，也是欧洲最古老的贵族之一"古勒万纳"的家族徽记，Pelikan以此为品牌标志，讲究以精密的技术以及德国严谨的研究与追求完美的精神，铸造出充满艺术生命的笔中极品。在Pelikan传统而悠久的品牌历史中，1929年制造出第一支有别于一般活塞上墨系统并拥有专利的钢笔之后，便以艺术品的外观以及顶级限量商品作出市场区别，在Special edition（特别版）当中，尤以2011年推出的冰极系列最广为人知。极地是地球环境最极端也最敏感的气候区之一，漫长而又寒冷的冬季，温度降至零下80度，无情的严寒永久冻结了时间，也为百万年极冰提供完美的永恒条件，正如自然界中的每个地方都是唯一的，信函书写的艺术亦是如此，Pelikan借由冰极（Eternal Ice）钢笔，向星球上最为令人印象深刻的自然现象之一致敬。

关键1

冰极（Eternal Ice）钢笔皆以手工进行多色上漆，高度抛光的金属笔杆，饰以精心设计的钯金雷射雕刻，借以诠释极地酷寒的百万年极冰印象。

关键2

由蓝色高级树脂制成的握位和汲墨旋钮配件，以及镀铑金纹饰的18K金笔尖被精美压制成形、抛光，每一支钢笔均经手工测试。

053

CROSS
美国总统的第一选择

奥巴马风光上任时，选用的就是来自纽约罗得岛具美国工艺精神的
CROSS Townsend黑珐琅笔签署他的就职典礼。也让向来就以经典及
质感取胜的CROSS有了"总统笔"的封号。

于1846年时，Richard Cross在美国罗得岛创立CROSS。超过167年的品牌历史累积，CROSS在全球拥有25项笔的专利注册权，当原子笔于1930年问世后，CROSS独特的修长笔身与圆锥形笔头成为品牌的经典特色，也是注册商标。其中又以Townsend涛声系列最为人津津乐道，由于笔身中间独特的双重饰环以及CROSS专利经典圆锥形笔帽，

涛声系列被定位为最具质感的书写笔款，是历任美国白宫总统包括布什、克林顿，奥巴马用于重大文件签署的笔款首选。Townsend涛声系列发表20周年纪念而推出的23K金顶级奢华限量纪念笔，也推出镀白金系列特别版，限量全球500组，供全世界的钢笔收藏家增添一笔个人典藏。

关键1

Townsend 20 周年纪念笔 23K 金限量款钢笔，笔尖以 23K 纯金打造，以独特的钻石纹路蚀刻笔身并搭配珍贵的 23K 镀金钢笔款式，每支均有限量编号。

关键2

Townsend 20 周年纪念笔白金特别版，笔身镀以白金烤漆同时呈现钻石雕纹，钢笔笔尖采用 18K 金双色镀铑设计，造型尊贵且典雅。

054

图片提供◎ CROSS

图片提供◎ CROSS

图片提供◎ CROSS

关键1　笔夹尾端饰有精致的镀玫瑰金齿轮，令人联想达·芬奇的设计中大量运用的齿轮构造，手工打造的750金镀铑笔尖，表面镌刻有一支由达·芬奇绘制的蝙蝠，是他用来研究并发明飞行器的重要依据，笔身的前端则刻有达·芬奇手绘的机翼图样。

关键2　笔盖底端也有令人惊喜的精妙巧思，万宝龙标志巧妙隐藏于笔盖内，通过设计于笔盖内的镜子反射出美丽的六角白星标章，灵感来自达·芬奇独特的自创镜像文字，他流传下来的手稿皆以从左至右的反向文字所书写，必需通过镜子的反射，才能够破解其中的精妙奥义。

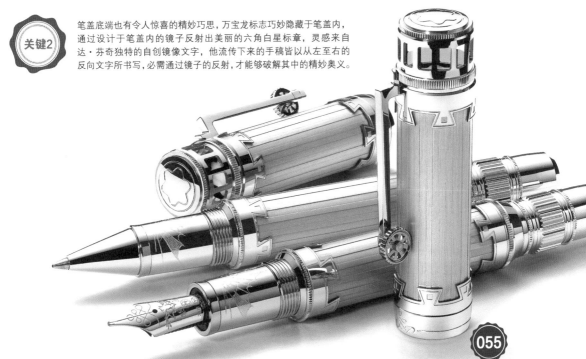

055

图片提供©万宝龙 MONTBLANC

MONTBLANC
来自达·芬奇的机械风谬思

松开钢笔盖、将笔盖装上于笔杆、正式签名，随后双方握手，
这些具有重要象征意义的动作，出现在许多世界政治、商业与文化史的
重要场合中，而万宝龙往往在里面扮演特别的角色。

于1906年在德国创立的万宝龙，以书写文具驰名国际，其商标为白色的圆角六角星形，代表欧洲最高峰——勃朗峰山顶上六道冰川的积雪，也代表着万宝龙难以磨灭的书写历史。国际性的协议、企业的创立、珍贵的书籍等，大都采用万宝龙的钢笔作为首选，也象征文件的价值与重要性。万宝龙有多款举世闻名的书写工具，2013年底于全球贩卖的限量3000支、万宝龙名人系列达·芬奇书写工具，充分呈现历史上最著名的工艺天才对飞行的热忱，设计师将达·芬奇闻名的飞行装置发明如降落伞、滑翔翼、直升机中的元素，巧妙融入每一个细节，笔身与笔盖采用阳极氧化铝材质，是现今飞航设备常使用的材料之一，镀铂抛光配件的设计则是再现达·芬奇用来组合不同物品的楔型构造。

WATERMAN
世界钢笔之父的精致工艺

WATERMAN（威迪文）的创始人Lewis Edson Waterman被称为世界
钢笔之父，以他的中间名命名的艾臣晶钻黑18K钢笔传承此名而更青出
于蓝。

WATERMAN的创始人Lewis Edson Waterman被称为世界钢笔之父，当时1883年他任保险销售员，因为签合约笔漏墨让他错失商机，愤而用小刀、锯子和锉刀，以饭桌为车床，制造出世界第一支利用"毛细原理"吸墨的钢笔，能有效控制钢笔的出水量，不再轻易漏墨，经典品牌WATERMAN由此诞生。对WATERMAN而言，"笔"绝不只是书写文字的工具，更得是美学极致、反应持笔人的独特气质与不凡的品位的表征。

摄影◎白仪芳

056. WATERMAN EDSON 艾臣晶钻黑 18K 钢笔

法国 WATERMAN EDSON 艾臣晶钻黑 18K 钢笔是 WATERMAN 的顶级旗舰笔款，命名根据创立者的中间名，全笔采飞梭体的流线造型。EDSON 钢笔以协和式客机机首造型、一体成型的大型嵌入式笔尖著称，其供墨系统精良、出水稳定不漏墨，滑顺的书写表现在笔尖与纸面良好的反馈，是笔厂设计与制造技术的结晶。加上和笔尖造型相呼应、附有弹簧机制的笔夹，稳定可靠、不易变形，固定笔帽的机制位于握位金属凸点，笔帽在开合之间流泻绅士般的潇洒与余韵。

摄影◎白仪芳 056

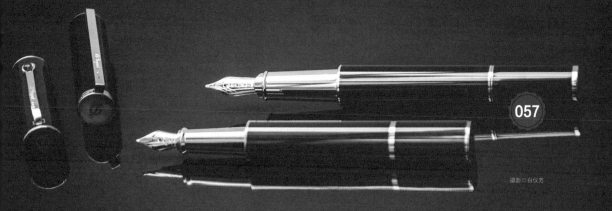

057. S.T.Dupont Black lacquer and gold 14k 钢笔
钢笔底色黑漆低调奢华，镀金的部份温润而大方，足显出都彭工匠大师的百年金属工艺，在使用漆料与金属应用上有独到的平衡与优美。笔头使用 14k 金属，并以法国都彭独特的雕刻印记于其上，EF 尺寸的笔头适于书写中小字体，并且适用于吸墨器与卡式墨水两用。

摄影©白仪芳

S.T.Dupont
法式工艺品味与坚持

法国都彭（S.T.Dupont）创立于1872年，凭借卓越工艺以金属工艺、漆料的使用以及多种材料的混合应用著名，都彭与日本漫画家尾田荣一郎联名合作的"Sleeping Mermaid"就是最好的例子。

法国都彭（S.T.Dupont）制作的精湛工艺出产了能承载用户一生的记忆的产品，擅于优质金属与上漆技巧等工艺打造钢笔，不论是优雅内敛或复杂精致的风格都彭皆擅长，并通过钻石菱角等饰纹组合、镀黄金、镀钯金、镀银工艺等，展示了卓绝的金属技艺；上漆技巧方面采用中国漆制造，并将签名标志树叶图案铭刻，精于高难度有机材料中国漆使用，钻研日本与中国的古老上漆工艺，让上漆产品皆具有抗振、耐磨、防火的特性。法国都彭出产的每只钢笔皆经由工匠大师150道工序手工制作，每个笔尖均以纯金手工打造，经工匠大师抛光，提供优雅书写以礼赞生活的工具，让人生故事得以跃于纸上。

058. S.T.Dupont Sleeping Mermaid 美人鱼 18k 限量钢笔
适逢都彭品牌 140 年的纪念，与日本漫画家尾田荣一郎合作，提供一系列设计主题为"Sleeping Mermaid"的产品，以海中静闭双眼的美人鱼为图腾，在航海冒险的气息下加入优雅的美人鱼悠游，为法式浪漫与日氏漫画风格结合的成功组合。钢笔笔身金属镀金配上 18K 的笔尖，供吸墨器卡式墨水二用，适于书写中型字，全球限量 1111 支。

摄影©白仪芳

Kaweco
体积小但成就无限的德国文具引领品牌

Kaweco是德国文具老品牌，
首先开发出第一支可以放进口袋随身携带的钢笔。

Kaweco是创立于1883年的德国文具老品牌，
在距离八十年前首先开发出第一支可以放进
口袋随身携带的钢笔，并推出"Sport"系列
产品，让短小轻巧的钢笔在当时热卖、引领
风潮。德国Kaweco "Sport" 系列标志着不
论旅行、休闲、室内外办公或旅游都可以随
时使用，其精神标语——体积虽小……成就
无限，将"Sport"钢笔的特性形容地非常贴
切，也成为品牌不断推陈出新的动力，持续
开发经典产品。
Kaweco品牌推出的其他系列产品也都有着轻
巧短小的招牌造型与多样功能，无论是钢笔、
原子笔、钢珠笔、按压式的素描铅笔（自动铅
笔）、或是抓握式的铅笔（一般的铅笔）等，
在八角形的笔管和可以放进口袋中的小巧体积
的规格之下，满足人们多样化的需求，并保证
质量优良与历久弥新。

059. Kaweco Classic 经典钢笔
Kaweco 经典钢笔系列，便于携带的短笔身是
Kaweco 具代表性的笔款之一，极简大方的外
型与隽永的钢笔功能兼具。

059

摄影◎陈威文

Marlen
来自古老智慧的大月相

沉淀智慧的Marlen，用最独特的形式将书写与意象揉合，
使得深具创意却又如此精密。

Marlen设立于1982年，以designed to be different为理念，专司制造手工高质量之各类笔款，对于钢笔的材质与造型独具创意，对于复古主题之意象传达也相当讲究，在2003年时曾推出世上首款测时功能的Cadran Solaire，继此之后又推出Imago Lunae，全球限量38支可作为日晷使用的天文笔，具阴历及月相显示功能。依据16世纪的数学计算原理所制作，让人预先得知不同时段的月相，整款笔的设计是以深蓝树脂为笔身，金属以925纯银打造，笔的尾端刻有12个月份，每一个月份则对应一固定数字，以代表不同的月相。而包裹树脂笔身上的金属套则刻有Epatta数值；这个数值代表着从2002年到2050年所对应之月相状况。

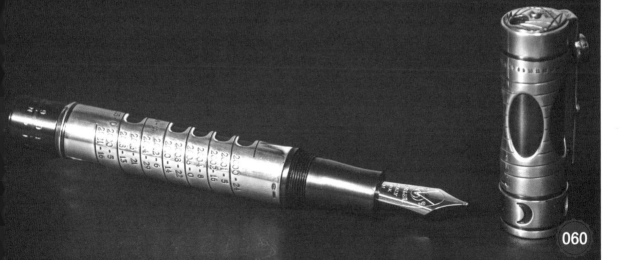

060

摄影◎白仪芳

Sailor

见证日本百年钢笔发展进程的老店

Sailor（日本写乐）成立于1911年，见证了日本百年钢笔甚或是书写工具的发展进程，从日本第一支钢笔、第一支钢珠笔、第一支不用蘸墨汁的毛笔都出自日本写乐公司可见一斑。

日本写乐的钢笔皆出产于日本广岛县的工厂，以其精湛制造技术和卓越工艺，致力于钢笔生产与特殊笔尖的开发。写乐多次荣获日本工业优良产品设计大奖，生产经营的商品包括钢笔、钢珠笔、自动铅笔、毛笔、记号笔、修改液、墨水等，除经典产品外仍持续推出新产品。

写乐秉持着对于书写的热情，投注于全新且多样的设计研发上，为书写工具持续带来新的书写体验。写乐以专利笔尖著称，在笔尖研发上也持续耕耘，下了很大功夫突破，近年研发的 "extra extra fime" 笔尖，号称写出来只有发丝细便为例证。

061

摄影◎白仪芳

061. Sailor Professional Gear 21K 亮黑银夹钢笔
日本写乐 Professional Gear 为笔盖平头款式，笔尖采用 21K 金双色镀铬雕花笔尖，中细字体表现佳。笔身以树脂制造配上亮黑色调与银色笔夹显见气度大方，尺寸较大的笔身握位适于套盖，曲线中广、略带重量让手感稳定、适于书写。

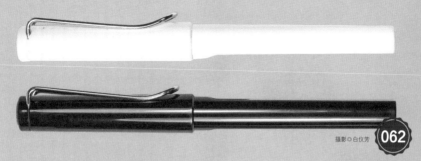

攝影◎白仪芳 **062**

062. LAMY Safari 狩猎者钢笔
以 ABS 强化塑料为笔身，并加入现代的造型元素，而且轻盈的重量非常适合随身携带，笔尾以暗刻的方式刻上 LAMY 字样，整体线条利落优雅，色彩饱和亮丽。

LAMY
古都海德堡诞生的独特灵感

1930年在美丽的德国古都海德堡，在严格要求的质量与设计概念体现之下，
LAMY产品令人惊艳的设计灵感于焉诞生。

1930年LAMY在美丽的德国古都海德堡诞生，创始人C. Josef LAMY与一群工业设计师开发了第一枝LAMY钢笔开始发展至今超过80年。LAMY每一项产品皆出自海德堡，并严格要求质量与设计概念，再加上特殊材质的运用，造就了LAMY令人惊艳的书写工具与切合需求的设计灵感。生产产品包括钢笔、原子笔、中性笔、机械铅笔和多用笔，以及墨水、笔尖和笔芯，产品遍布了全球主要消费市场。LAMY每一系列笔都有一个独特的名字昭示灵感所在，如目前仍畅销世界的产品 Safari、2000、AI-star、pico等，其中1960年登场的旗舰商品LAMY 2000，贯彻BAUHAUS理念，为功能创造形式的开端产品，由此LAMY树立将功能性、人体工学、设计、创意等宗旨体现于产品中的典范，特别是2000系列和Safari（狩猎）系列，这两款产品一经推出便连续不断地获得多项国际级别的奖项，因而衍生其他诸如AI-star等经典设计，受文具爱好者喜爱与推荐。

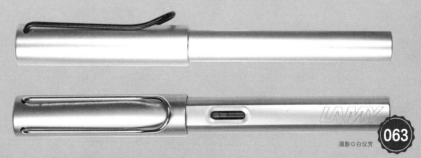

攝影◎白仪芳 **063**

063. LAMY AL-star 恒星钢笔
LAMY AL-Star 恒星系列笔尖以不锈钢材质尖搭配铝合金烤漆笔身，笔握处类似三角形，方便书写，可选择使用卡式墨水管或吸水器。恒星钢笔手握的厚实与经典设计衬托出质感，书写流畅与平衡是这支笔广受好评的原因之一。

德国的严谨工艺

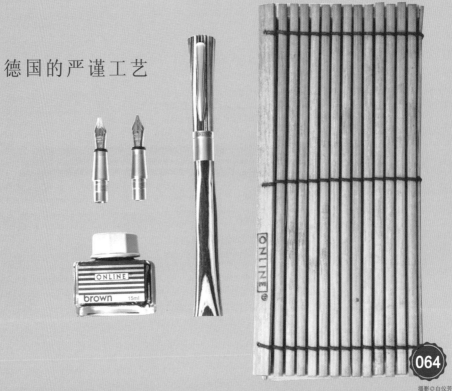

摄影◎白仪芳

064. Online 新木艺术钢笔组

1991 年创立的德国制笔厂 ONLINE 推出的新木艺术钢笔组，内含 Wawa 原木笔杆、艺术钢笔尖共 1.2mm、1.4mm、1.8mm 白笔尖 3 支与 Onlinem 原厂墨水 1 瓶 15ml，钢笔特制开启式笔盖，使用卡式墨水管，全品以 Onlinem 原厂竹编盒装，皆为德国原产。

摄影◎白仪芳

065. Senator Regent 活塞钢笔

1920 年设立的西德笔厂 Senator 推出的 Regent 系列活塞钢笔，不锈钢尖镀金的笔尖与活塞方式上墨让书写滑顺、粗细适中，赛璐珞笔身重量轻，配上树脂笔盖，整体手感好。

Visconti

大胆有趣的意大利年轻笔厂

以深厚的历史文化为主题，大胆而有趣的设计，
在国际上除了德日以外，一直是颇受注目的势力。

由Dante Del Vecchio和Luigi Poli
于1988年所创立的意大利佛罗伦
萨品牌。两人凭着多年的收藏心得
和对笔的热爱，以及意外收集了
一批古老的赛璐珞（Celluloid）原
料，并在1989年以此原料首度推
出他们的产品Urushi和Dessai 两款
笔。Visconti自创厂以来，一直积
极投入研发的工作，在短短的15年

当中就获得了许多国际奖项和专利
权。尤其在上墨系统的创新技术上
可以说是有许多突破性的成就，此
款"智人"为火山熔岩材质及稀少
贵金属铑材质设计，为25周年纪念
笔，较特殊的是此款内含旅行用的
入墨组，包含旅行墨盒及滴管，方
便旅行时携带入墨。

066

摄影 ○ Anew-Chen

最实用便利，也最风情万种的书写工具
圆珠笔

原子笔是现代最不可或缺的书写工具，与中性笔、钢珠笔同属圆珠笔家族。

1930年代，匈牙利记者拜罗（Laszlo Biro）以滚动小球做笔尖，发明了第一支原子笔，不必如钢笔额外沾墨，而是以笔尖圆珠受大气压力与油墨重力的交互作用推动书写，更简便、干净、持久，从此彻底翻转人类的书写习惯。至于中性笔则因墨水介于油性与水性而得名，兼具原子笔的便利与钢笔出墨的滑顺，但墨水较不易干，使用寿命也较短。而钢珠笔的特色则为功能性更强的高硬度钢／碳化钨笔珠，写起来最为顺畅耐久，随研发技术精进，也有运用陶瓷珠甚至红宝石等特殊质材。圆珠笔家族问世至今名牌辈出，如法国的BiC，匈牙利ICO，瑞士CARAN d'ACHE，日本MARK'S与三菱，各有千秋，全世界使用者不计其数。

笔尖圆珠
笔尖圆珠是出墨均匀持久的关键。若有特殊要求，针对笔珠材质特意强化的钢珠笔可纳为首选。

笔杆材质
不同材质如木、竹、金属、珐琅，及握面设计（如
圆柱状、棱面、三角）皆是挑选个性文具的重点。

墨水
原子笔的油性墨水分子颗粒大，书写流畅度不如水性或中性笔，但
色泽浓艳且书写持久度高，保存时间长且日曝耐久度高，在纸面上
不易渗透；中性墨水采混合式墨水，相较分子小而能有小笔径产品
推出，书写流利、渗透性高、颜色多样浓郁。

CARAN d'ACHE
代表瑞士工艺巅峰的文具经典

瑞士经典文具卡达以极强的实用功能著称，
849系列原子笔除了经典款，
也与时俱进推出各式设计款，
是深具纪念性、故事性与实用性的经典笔款

瑞士CARAN d'ACHE卡达公司自
1915年创立以来，是瑞士唯一的文
具品牌，代表瑞士谨慎精实的工业技
术与制作钟表、珠宝的传统。命名由
来与Karandash这句土耳其语有关，
代表黑石／石墨，一切素描、绘图、
书写的基础。所有产品都于日内瓦本
部亲自制造，以简洁、实惠与强大
的功能性广获世界各地好评。卡达
849，便是风靡全球数十年的经典原
子笔款。附弹性笔夹的铝合金六面
体笔身经静电烤漆处理，有白、红、
蓝等多种活泼配色，任何场合皆适
合使用。内部装有钨钢笔珠搭配卡
达Goliath巨人笔芯，可书写六百页
A4纸，书写距离长达八千米，极其
耐用。书写滑顺持久，出墨也相当均
匀，是深受欢迎的瑞士代表文具。目
前卡达849也推出各种特殊设计款，
如Totally Swiss瑞士国旗、CAMO磨
砂触感迷彩原子笔、荧光色系等，造
型更华丽多变。

068

069

CARAN d'ACHE849 原子笔
CARAN d'ACHE 于 1929 年 推 出
849 原子笔，可说是（20 世纪初期）
六角笔轴原子笔的原型，849 从
CARAN d'ACHE 第一款铅笔演进而
来，其六角笔轴较一般圆形笔轴来
得好握顺手。

067. Totally Swiss 是 849 系列中很经典，
印满瑞士国旗既俏皮又抢眼，是相
当具人气及代表性的笔款！

068. 849 Original 银色款近似金属氧化的
颜色，相当低调有型。

069. 同系列的 GoldBar 则是带着雾面的
金，连同超薄的金属盒。

067

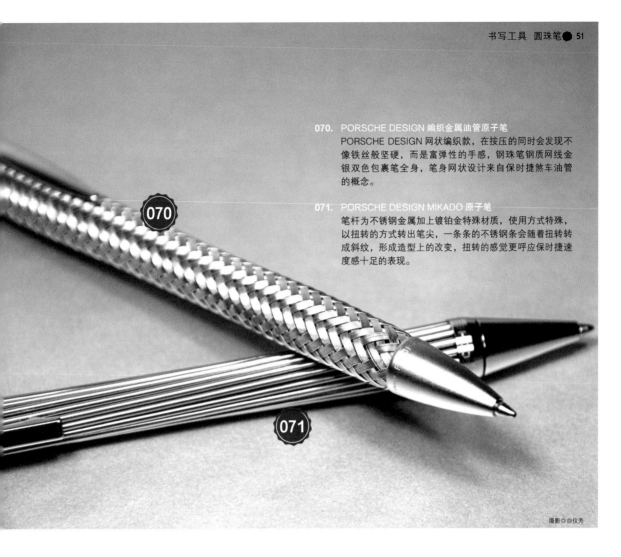

070. PORSCHE DESIGN 编织金属油管原子笔
PORSCHE DESIGN 网状编织款，在按压的同时会发现不像铁丝般坚硬，而是富弹性的手感，钢珠笔钢质网线金银双色包裹笔全身，笔身网状设计来自保时捷煞车油管的概念。

071. PORSCHE DESIGN MIKADO 原子笔
笔杆为不锈钢金属加上镀铂金特殊材质，使用方式特殊，以扭转的方式转出笔尖，一条条的不锈钢条会随着扭转转成斜纹，形成造型上的改变，扭转的感觉更呼应保时捷速度感十足的表现。

摄影○白仪芳

PORSCHE DESIGN
奔驰于掌心的书写快感

已经有40多年历史的PORSCHE DESIGN，如同一名有魅力的成熟男性，
兼富生活品味和幽默风趣。

承于德国PORSCHE保时捷，跑车设计品牌之下的PORSCHE DESIGN，是1972年Porsche 911跑车设计者的孙子F. A. Porsche所创立，从跑车到精品，包括服饰、眼镜、手表和钢笔这类的男士配件，如同保时捷席卷全球，皆透露出利落不凡的线条和色调。跨足到笔具领域的PORSCHE DESIGN曾和FABER–CASTELL合作推出原子笔和自动笔，以引擎汽缸螺旋纹表面喷砂雾面处理而成，没有过多的装饰，强调功能性和永久经典，企图创造里外兼具的笔具，如同创办人曾经说过的："真正的经典设计应该是以功能性为基本考量，由内而外的永恒设计概念。"

ICO
70 年代欧洲人的原子笔

1930年代匈牙利记者Biro发明了第1支原子笔，至今原子笔的发明甚至
还未满百年，然而ICO却已经是存在半个世纪的品牌了！

1951年来自发源地匈牙利，ICO由十八位工匠所组成的团队，初期以修理钢笔为主要营业项目，1952年匈牙利给予一年可生产5000支钢笔的许可证，1957年进口原子笔原料，开始着手组装1970's Retro pen

原子笔，"原子笔"的名称则来自当时的背景，美国投下第一颗原子弹，也让人联想到这种笔的笔尖有一颗直径约0.1cm的"小钢珠"，由铬和钢的合金所制成，耐压且耐磨，拿笔滑过纸面，圆珠滚动，就

把顶在上方笔管内的墨水带到纸上；不同于钢笔需入墨且保养不易的问题，犹如原子弹般地在当代创造书写的革新！

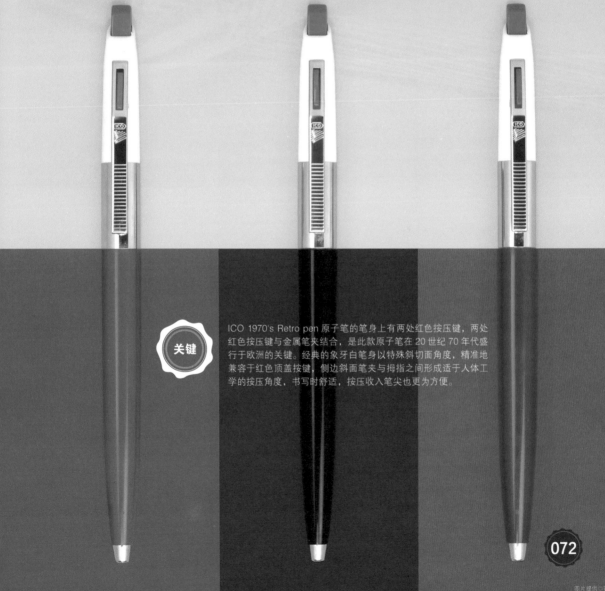

关键

ICO 1970's Retro pen 原子笔的笔身上有两处红色按压键，两处红色按压键与金属笔夹结合，是此款原子笔在 20 世纪 70 年代盛行于欧洲的关键。经典的象牙白笔身以特殊斜切面角度，精准地兼容于红色顶盖按键，侧边斜面笔夹与拇指之间形成适于人体工学的按压角度，书写时舒适，按压收入笔尖也更为方便。

072

PARKER
用派克笔谱出举世闻名的歌剧

1888年于美国威斯康星州当第一支不漏墨钢笔
从George Parker手中诞生时，
PARKER就不断为追求完美书写而耕耘不懈。

已经有126年历史的PARKER可说是全球最热销普遍的文具品牌！1889年PARKER获得独家"墨水笔"专利，1896年世界知名剧作家Giacomo Puccini，使用派克钢笔谱写著名歌剧《波西米亚人》，1922年柯南·道尔使用派克笔，写出《福尔摩斯全集》，1945年麦克阿瑟将军使用派克红笔，在密苏里号上签署了日本投降书，见证历史时刻。时至今日，PARKER仍受到世界各地钟情完美书写的名人雅士爱戴，不仅为现代书写工具写下崭新一页，更成为众多国际政要人士爱用笔款。其中的PARKER JOTTER可说是PARKER历史最为悠久、并且从1954年到现在于全球销售超过7.5亿支（史上第二畅销）的原子笔款式，当笔在纸张书写时，通过重力将墨水传送在嵌于笔穴的笔珠上，笔珠滚动时墨水即转送至纸张表面，制造出浓密的线条。由于PARKER JOTTER的畅销，许多收藏家会在世界各地搜集早期的规格、不同时期发行的颜色以及独特的款式，并且因为它的价格合宜，不但成为经典且仍然深受大众欢迎！

PARKER JOTTER 笔身采硬塑料，结合镀铬笔盖，碳钨合金笔珠由钨金属所制，以保持其锐利如新并防止磨耗，此外 PARKER 笔芯墨水可写出相当于 3500 米长度的线段。

从 1954 年到现在都维持相同的设计，由于其机械式的内部结构，按压笔轴的压头会发出清晰的"喀啦"声响，加上其独特的手感，与现代科技设计的原子笔相较起来，反而有种让人回味的复古感。

073

BiC
扭转世界书写史的法国经典文具

法国BiC可说是西方世界无人不知的经典文具，其头号产品Cristal®ballpoint，
可说直接参与了原子笔诞生的历史转折点，
走过半世纪依旧屹立不倒。

法国文具BiC草创于1950年，以创办人工业设计师Marcel Bich为名。Marcel Bich第一件产品，即是至今畅销60余年的Cristal®ballpoint水晶圆珠笔。当时钢笔、墨水笔仍是主要的书写工具，但油墨时常脏手，不少人都想改良创新，匈牙利记者便发明了第一枝原子笔。而Marcel

Bich，也不约而同发现了原子笔的潜力，并亲自开发注册专利，实际改变了人类的书写习惯。BiC的水晶圆珠笔便宜好写，预计书写效能可画出2千米长的直线，黄笔身、黑笔盖也给人活力充沛的印象，几乎办公室人手一枝。时至今日，BiC已是法国经典文具品牌，也开发出打火

机、刮胡刀、白板笔、口袋香味原子笔等诸多品项。每天超过160个国家的使用者，选购超过2400万件的BiC产品。除了风靡欧美，也在韩国、日本等亚洲国家有不俗的销售成绩。

074. BiC 彩色版原子笔
彩色笔身原子笔有粉紫、粉绿、粉蓝、粉红四色，是比较粉嫩青春的款式。但仍保持招牌圆锥笔盖与圆柱笔身，笔触也一样圆润滑顺。

075. PENCO × BiC 联名原子笔
法国 BiC 与日本 PENCO 两家欧、亚经典文具的联名款，金色笔夹，笔身印有 Logo。笔形较圆实，有近似钢笔的外型，且有九种亮丽色彩可选择。

076. BiC Fine 原子笔
BiC 物美价廉的经典款，镍黄铜笔尖与低粘度、低摩擦的 Easy Glide Ink，缔造持久耐用的书写手感。黄色圆笔杆与蓝色圆锥笔盖，是许多人学生时代的回忆。

077. PENCO × BiC 联名双色原子笔
法国 BiC 与日本 PENCO 另一联名款，采双色设计。笔头色彩多样，搭配印有联名 Logo 的白色笔身，是数量稀少的限定款。

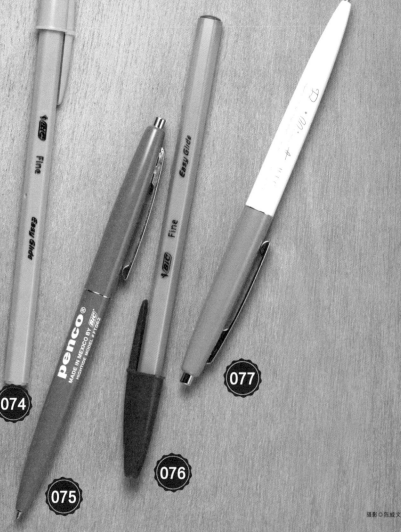

摄影◎陈威文

MARK'S
富含创意设计的文青圣品

充满活力的日本文具MARK'S总能推陈出新，创造各式各样兼具时尚与实用的笔款，
除了为人们创造各种会心一笑的日常小乐趣，也具备进入当代艺术殿堂的设计实力。

MARK'S于1995推出第一款产品后，便以深具设计感的高质量文具风靡日本，旨在使人从创意设计中寻找快乐，创造充满愉快回忆的文具。日本制产品的细腻质量一向傲视全球，MARK'S无愧于此美名，现今英、法、德、巴西等多国都可见MARK'S文具的芳踪，也可见于美国MOMA与芝加哥当代艺术博物馆等艺术殿堂。笔记本、纸胶带、手机盒、计算器、原子笔，都是经典长红产品。光是原子笔，就有78种系列。从与设计师草间弥生合作的AYOI KUSAMA系列到与三菱合作的多机能系列，有纤细小巧的TRAVELLIFE黄铜原子笔，也有大胆悬挂甜美樱桃、高跟鞋缀饰的Jessie Steele系列，更有可以算是文青圣品的星期原子笔——以法文刻上每周一到周日建议的文艺活动，可以随兴消磨时间，令人目不暇给。

078. MARK'S DAYS 原子笔
木质笔身，刻有法文"tous les jours mes stylos"，意即"我每天的笔"，每面则是周一到周日的星期小语，是富有生活情趣的畅销笔款。

079. MARK'S W-NOTE 原子笔
MARK'S的流行原子笔款W-NOTE，特色在于缤纷的荧光撞色笔杆，搭配合金笔头颇具青春感。

080. MARK'S TRAVELLIFE 系列迷你原子笔
这款TRAVELLIFE迷你原子笔比起一般原子笔小了一号，仅约12cm长，5mm宽，小巧纤细。木制笔身也增添宛如铅笔的自然质感，附黄铜笔盖。

摄影○白仪芳

081

PARAFERNALIA
博物馆等级的革新工艺精品

乍看之下，PARAFERNALIA的笔款较不具实用性，但却展现了前卫工艺多样
且极致的玩心巧思，给人新鲜活泼的操作体验。

意大利品牌PARAFERNALIA佩拉法纳利是美国MOMA博物馆永久收藏品牌之一，品牌精神在于持续创造风格独特的精品，常与知名设计师合作，激荡创意火花。这款革命家原子笔由设计师赛吉欧·卡帕尼（Serigo Carpani）设计，1978年推出后即为佩拉法纳利最经典的款式。当年设计师接受建筑公司奥其米亚（Alchmia Studio）的委托制作高科技感、具机械美感的笔款，以巴黎庞比度中心的前卫工艺为灵感缪思，大胆挑战的精神，也是名为"革命家"的由来。可由用户自行手工DIY 31个金属零件，其他套件也可组装为钥匙圈、木架等，乐趣多元。雾面金属笔身呈特殊三角柱面。

摄影○陈威文

082

IL BUSSETTO
来自意大利工艺之家的皮革原子笔

遵循传统工艺的天然皮革是IL BUSSETTO的招牌，无论是原子笔、皮夹、钱
包等日用品，裹上纯色精致皮革，便提炼出永不退流行的特殊韵味。

发源于意大利米兰的IL BUSSETTO品牌以工匠用以打磨皮革的传统工具命名，承袭古意大利优良的制皮工艺，贩卖多款顶级手工皮件。因具备采全天然植物鞣革，纯手工制作，缝制车工细腻无痕，皮革色泽鲜丽饱满等种种优点，2004年创立后便一跃成为世界瞩目的人气品牌，目前在台北也设有两家专柜。皮革名片夹、蛋形皮革零钱包、长夹、雪茄盒、手机套等都是受欢迎的单品。而IL BUSSETTO推出的皮革原子笔最特殊之处，即在于独门皮革笔材。以天然植物染色，一字排开明艳饱满，皮料品质与皮夹如出一辙。可替换BiC补充笔芯，书写、握笔效果相当柔软顺畅。

关键　笔杆 925 纯银打造，笔身直条花纹，笔顶端标示六个图案是他特别的地方，盖有质量证明印记的法定 925 纯银。首先椭圆形刻上 YOL 的是品牌名称的缩写；方形条文数字 925 旁附两水滴状图是欧洲国际大会认证纯银标志；椭圆形中刻 925 为每 1000 当中的纯银比例；水手图则是 The Birmingham Assay Office 伯明翰检验局标志；狮子代表纯银；字母为标示年份。

摄影◎白仪芳

摄影◎白仪芳　083

Yard-O-Led
英国的纯银魅力

精致的英国品牌Yard-O-Led，
认证的纯银印记和编号是不变的专属刻痕。

1822年，Sampson Mordan发明了全世界第一支自动铅笔并取得专利权，于是开始了家族传承的制笔工艺事业，并独家研发出可以装载12支8cm铅笔芯的笔管，总长相当于一码（Yard）长的笔芯，因此取名为Yard-O-Led。在1934年，Yard-O-Led Company公司正式成立，继续传承卓越的制笔工艺，直至今日已近200年的历史。延续19世纪与20世纪的设计，Yard-O-Led笔制品除了独家专利的铅笔系列之外，也包含了钢笔、原子笔、钢珠笔系列。除了Retro系列，每一支笔都是以盖有品质证明印记的法定纯银，手工精制雕刻而成的的工艺品，并刻印独一无二的专属号码。

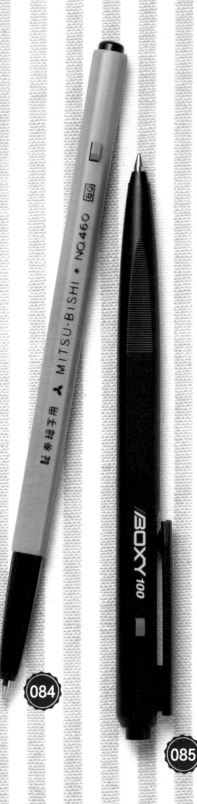

MITSUBISHI
珍藏于青春回忆的经典配色

复古怀旧的三菱原子笔，
是日本人的童年回忆。

三菱MITSUBISHI是日本知名文具大厂，前身
为1887年即创立于东京新宿的真崎铅笔制造
所，与大和铅笔合并后，于1952年正式更名
为三菱铅笔。营运超过百年，可说是日本的
国民品牌。

084. MITSUBISHI 证券用细字原子笔
数量稀少也未收录于商品型录中，是相对神
秘却实惠的文具。复古的配色与笔杆设计，
吸引不少文具行家的注目。按压出芯与笔芯
款式皆与 Boxy 系列相同，唯一差别为细字原
子笔需使用短版笔芯。

085. MITSUBISHI BOXY 小男生原子笔
1975 年推出的系列文具之一，设计简洁，黑
色略呈扁平三角棱面的笔身好握好写，更有
趣的是弹力惊人，声响清脆的笔尾按压机构，
令人不知不觉上瘾。当时小学生喜欢利用笔
尾按压处的良好弹力，比赛谁能将橡皮擦（通
常是汽车形状）弹得最远。这逗趣的画面，
甚至也可见于《宇宙兄弟》中的动画桥段，
可说是青年日本人的年少回忆。

精密构造的玩味书写

086. PARAFERNALIA Falter 2D
意大利 Falter 2D 是 PARAFERNALIA 除了
革命家系列，另一款深具机构趣味的设计
原子笔。由奥地利阿尔伯特 Ebenbichler
和意大利的设计工作室 A.T.O. 的工业设计
师联合开发，2008 年甫推出便引起话题。
所有零件皆由同一片金属板镂刻，宛如立
体拼图，必须 DIY 组装，将笔芯固定在最
中央才可使用。充满互动、拆解组合的操
作乐趣与个中亲身体验的金属机构美感。

087. dunhill NWD3523 碳纤维钢珠笔
英国 dunhill 品牌定位为"始终有骑士风格
的绅士产品"，十九世纪中叶以烟草铺起
家，之后转为发展皮具、配饰、袖扣、文具、
打火机等男士配备精品，品味创意广受欢
迎，于伦敦、东京、香港、上海皆有设柜。
Sentryman 系列笔身以黑色为主调，造型
简洁洗炼，然而碳纤维笔身上的细微纹饰、
笔盖顶端刻有品牌 d 的标志字样，又展现
英国传统内敛谨慎的精神。

088. CROSS Spire 古典系列纤细金钢珠笔
美国 CROSS 以纤细笔身与圆锥笔头的原
子笔闻名，Spire 古典系列以著名的几何与
歌特式建筑为设计灵感，纤细金钢珠笔造
型纤长，笔尖为 18K 纯金，通体折射璀璨
精致的光泽纹饰。

089. Cleo Skribent 游标卡尺笔
德国品牌 Cleo Skribent 创立于 1945 年，
原本是从布兰登堡小车库起家的小文具
商，现今已是高质量的著名企业。Cleo
Skribent 这款游标卡尺笔特别彰显精准实
用的科技精神，广受工程师、建筑师喜爱。
手工打造的扁六角形笔身材质为镀铬黄铜
与雾面处理铝材，重 29 克，手感沉实好握，
可搭配 Parker 规格的笔芯。笔上的游标
卡尺刻度分公制、英制两种，最大刻度为
10cm，除了量尺，也可测轮胎纹路的深度，
符合德国人平日须检查轮胎的需要。

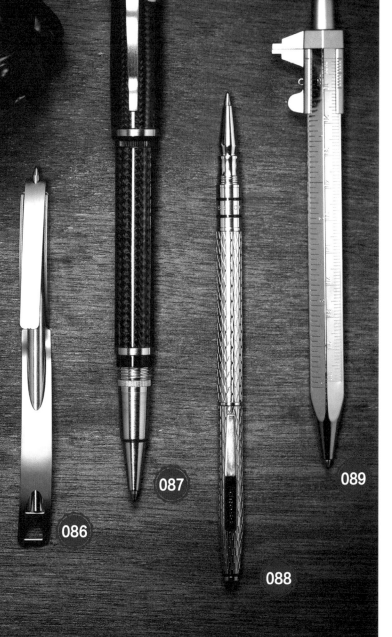

精湛工艺下的异材质原子笔

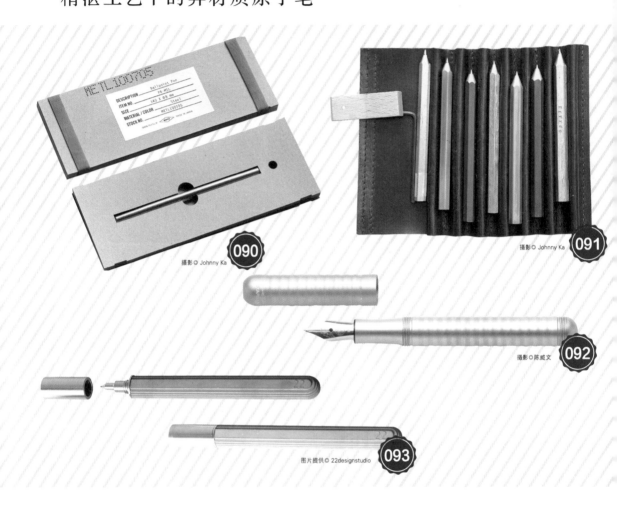

摄影◎ Johnny Ka **090**

摄影◎ Johnny Ka **091**

摄影◎陈威文 **092**

图片提供◎ 22designstudio **093**

090. MUCU Brass Ball Pen

MUCU 向来以环保自然素材知名，如以铜木工夹与木板制作的自然素材桌历，便是 MUCU 的人气商品。而 MUCU 原子笔以直径 8mm 的金属棒车削，一体成形，十分细致简洁，充分展露素材风韵的工艺品。笔重 45g，握感沉实。包装采用高磅数牛皮纸层层堆栈，中央镂空以置笔，两端以宽版橡皮筋固定，同样呼应品牌自然精神又十分雅致。

092. Kaweco Liliput 迷你手帐型原子笔 – 波浪黄铜

德国 Kaweco 2014 年的新商品为 Liliput 迷你手帐型原子笔，以简约风、小型笔款的设计，配合耐久耐用的黄铜材质制作，总长度仅 9.6cm，波浪纹笔身握位顺手。

091. reOriginTFTZO 黄铜原子笔

可换笔芯（三菱）的黄铜原子笔，是日本文具店穗高株式会社 Kakimori 限定。制造商 TFTZO 是老板广濑的朋友，专职于门把制作，而且整个工厂没有员工，只有老板一个人。做原子笔是个人兴趣，厚实手感如同踏实生活，陪着我们一辈子。

093. 22design studio 水泥钢珠笔

这款由台湾设计师 22design studio 手工打造，以高密度水泥、不锈钢为主要材质的钢珠笔，曾登上《纽约时报》版面，也被选为英国的 Paul Simth 专卖商品。因制作环境不同的温度与湿度，每支水泥钢珠笔的风貌也各不相同。笔身边缘的等高线造型展现水泥的坚硬表情，但也兼顾独特又不失舒适的手写握感。

变化多端的造型趣味设计

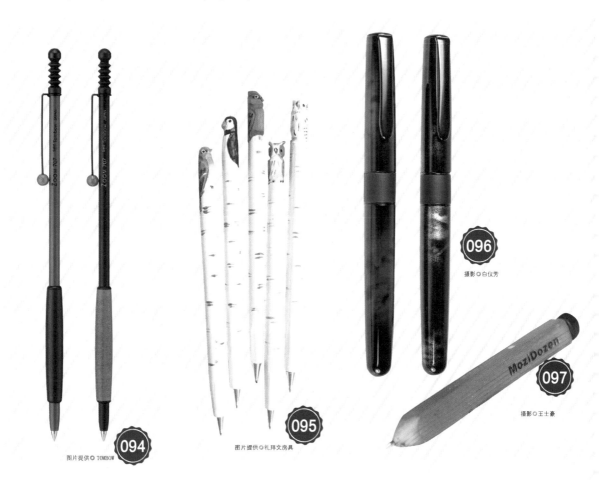

图片提供◎ TOMBOW **094**

图片提供◎礼拜文房具 **095**

096 摄影◎白仪芳

097 摄影◎王士豪

094. TOMBOW ZOOM 707 迷你淑女笔

于 1987 年推出的笔款，是 Design Collection 早期的代表作之一，因独特的理念所带来的成果在日本国内及世界各国都获得了极高的评价与荣誉，并于 1988 年获得 Design Innovation Best of the Best 的奖项、1989 年的 Design Plus 殊荣。设计的理念为在不影响使用上的便利性，外型上还能发挥至极细致，在极细长的笔杆上，于握把处巧妙的加上橡胶，这一圈 6.5mm 的橡胶是此笔款成功之处，因而诞生出淑女笔。适合搭配小尺寸万用手册，也很适合女性使用。

096. TOMBOW Design Collection ZOOM 哈瓦那色彩系列钢珠笔

日本 TOMBOW 于 1986 年开始推动 Design Collection，设计多款活泼个性的文具。这款钢珠笔琥珀底、黑斑纹的粗圆笔身如雪茄烟，抢眼又不失庄重。33.4g 的质量也适合喜爱较具沉甸手感的使用者，橡胶握把则有书写时防滑的效果。

095. TTLB 动物森林原子笔

手工雕刻的动物造型原子笔，有北极熊、猫头鹰、青鸟、红雀、中分兔等十数种造型。笔芯为较粗的 0.7mm，长度仅有一般笔芯的三分之一。

097. 木子到森原子笔

木子到森是位于台南北园街老屋的木作工作室，旨在通过木制工艺传达自然朴实的精神。这款原子笔由原木打磨刨制，外型敦厚圆暖，散发木头淡香。每支笔都是树木的一部分，也可能由老家具回收再制，身世、纹理各有独特之处。使用前须将笔尾端的螺丝慢慢往下旋转，才能转出笔芯开始写字。创作者希望通过这个小设计提供书写者一段静心仪式，增加慢活情趣。

大众品牌的日常美

图片提供◎玉兔铅笔学校 **098**

图片提供◎礼拜文房具 **099**

摄影◎陈威文 **100**

图片提供◎直物 **101**

图片提供◎ Cherry Books & Living **102**

098. 玉兔怀旧复古国民笔
台湾的第一支原子笔，1966 年生产，是台湾地区第一支黄杆蓝帽的 Ball Pen，鉴于当时原子是最进步的科技，加上两颗"原子弹"让日本投降，故而玉兔将英文 Ball Pen 取名"原子笔"，引领风潮，沿用迄今。

099. ICO-SIGNETTA 系列经典原子笔
匈牙利记者拜罗（Laszlo Biro）于 1930 年发明了世界上第一支原子笔。之所以叫原子笔（Ball Point Pen），除了因笔尖钢珠得名，也代表"原子"源源不绝的能量，当初售价高达 10 美金，现今已成为风行全球的实惠文具。这款 ICO-SIGNETTA 是匈牙利的老牌原子笔，物美价廉，也反映一段改变人类书写习惯的历史。

100. Hightide 意大利 Wilson 四色自动原子笔
日本 Hightide 复刻意大利年代久远的经典文具，全金属笔身，微方略带棱角的笔身造型十分洗炼。淡金色笔夹刻有 ITALY 字样，略略隆起的设计方便使用者搭配惯用的文件夹、笔记本。

101. Pentel 滚珠笔 B100（日版）
这款特色在于树脂制作的笔尖与清爽的绿色笔身。使用水性墨水，书写轻柔顺畅，适合写英文等拼音文字与速记，笔触较粗，不适合写小字。当初上市时，不少亚洲使用者抱怨树脂笔尖不耐用，但在欧美却颇受好评。经过一百多项改良后，现已成为相当优秀方便的笔款。

102. MoLin 三角轴油性原子笔
西班牙 MoLin 的长销笔款，独特之处在于三角设计的笔身，富棱面美感，又兼具好握手感与油性笔的滑顺触感。

历久不衰的经典品牌

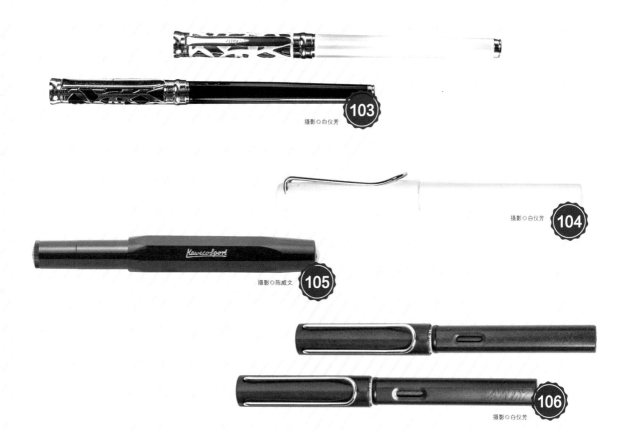

摄影◎白仪芳 103

摄影◎白仪芳 104

摄影◎陈威文 105

摄影◎白仪芳 106

103. Rarefatto 巴洛克黑珐琅钢珠笔

意大利品牌芮菲客推出"Baroque code"巴洛克系列礼品，旨在表现宛如巴洛克时期上承文艺复兴，下接古典主义、浪漫时期的精致风格。这款钢珠笔使用水性笔芯，由质感光滑的黑珐琅制成，银色笔盖稍长，缀以黑纹，整体典雅大气。

105. Kaweco Classic 经典钢珠笔

德国 Kaweco 经典系列之中的钢珠笔设计，极简大方的外型是品牌风靡数十载的经典笔型，便于携带的短笔身配合钢珠笔功能，值得收藏。

104. LAMY Safari 狩猎者原子笔

德国家族企业 LAMY 自 1930 年于海德堡起家，以产品的实用功能、符合人体工学、创新金属材料与创意著称。圆柱笔身外型亮丽。低重心设计，前端棱面设计便于抓握，笔夹呈镂空拉环状，比起一般笔夹更简洁活泼。

106. LAMY AL-star 恒星原子笔

LAMY 这款恒星原子笔的特色在于透明的笔杆前端，可透视笔芯中构造。流线笔身，铝合金烤漆具华丽新颖的未来感。除了时尚外观，书写时能感受 LAMY 实用的人体工学设计理念，可长时间书写，不易疲倦。

签名时的好伙伴
签字笔

纤维笔尖，适合细字，也适合挥毫绘图的文具。

签字笔为英文marker pen发展而来，构造如原子笔，但笔尖采纤维笔头，以毛细作用出墨，这种供墨方式不受重力影响，此特性让签字笔也能在外层空间使用，因此著名的Pentel水性签字笔还跟着航天员出过几次太空任务呢！书写线条相较于原子笔、自动铅笔更为弹性多变。分水性、油性两种，特别适合表现汉字笔划"肥瘦之美"。

签字笔为专门用于签字、签样，用途较为正式的笔，有水性签字笔和油性签字笔。第一支签字笔于1962年由日本Pentel制造出，经过多次改良纤维笔头与墨水，逐渐发展出笔尖材质多元、书写效果亦有数种不同取向的款式。好的签字笔其实有替代水彩笔、毛笔的潜力，可供绘图挥毫之用，也很适合教师批改作业。

墨色
对于文字工作者或是教育人员而言，签字笔也很适合用来写稿、改作业。好的签字笔墨色必须准确，红黑蓝是基本色系，而且墨色浓郁鲜明。

笔型
签字笔的笔杆以六角形为标准，除了握笔感佳之外，也能增加书写的稳定度，这可是一支好的签字笔必备的标准条件！

关键3

墨水
墨水是一支签字笔的心脏，墨水的好坏影响着整支笔的书写素质，水性墨水与油性墨水比较起来，墨迹不会渗透到纸张背面，同时在墨水控制上佳，也比较能表现纤细的汉字和优美的轻重笔画。

关键4

笔尖
签字笔的笔尖是用纤维制造，它本身不像金属或塑料一样坚硬，因此笔尖的强度也和耐用度有很大的关联，好的笔尖材质制作扎实，纤维不易散开，书写时更加滑顺持久。

关键5

笔杆
签字笔的功用除了必须能利落签名、书写汉字之外，绘图也必须是签字笔最主要的用途之一，笔杆有适当的粗细、合宜的笔杆重量，便能够轻快地在纸面上挥洒，画出稳定的线条，是许多知名设计师爱用的笔！

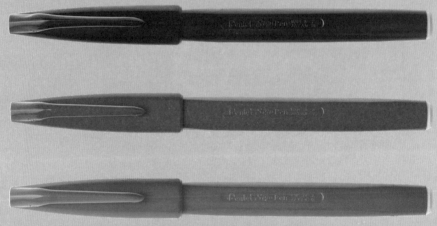

摄影© Anew-Chen 107

Pentel
世界上第一支水性签字笔

作为经典典范的Pentel签字笔，
不论是外形或者书写设计都历久不衰。

自1946年创立以来，Pentel可说是全日本笔市场市占率最高的品牌，几乎全日本人手必备一支。而笔杆由圆形再渐变为六角形，呈现不同于以往单一形状的质感，而这样的外型后来也竟成为一种标准，后续由其他厂牌推出的水性签字笔，看起来都有Sign Pen的影子，可说是签字笔的代表。

而Pentel的签字笔（Sign Pen）是世界上第一支水性签字笔，于1963年发售，至今已经畅销超过50年，是Pentel最经典的传奇，由于它优越的书写感，是许多设计师的最爱，就连建筑大师安藤忠雄也使用Sign Pen作为随身书写及签名工具。除此之外，Sign Pen还有个传奇的故事——曾出过太空任务，因为Sign Pen是以吸满墨水的绵管为储墨槽，利用毛细现象来供墨，而这种供墨方式不受重力影响的特性，让它也能在外层空间使用。

功能与造型兼具的签字笔

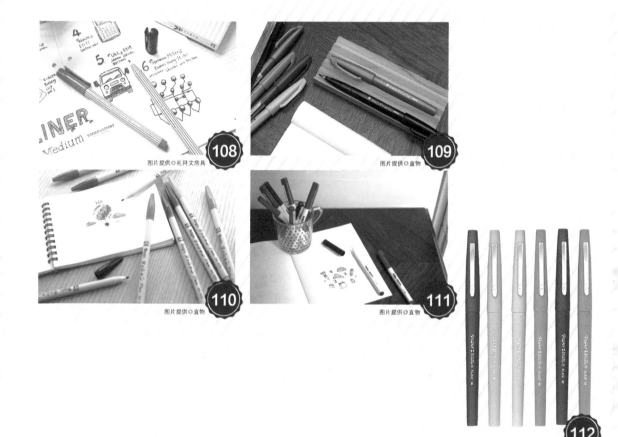

图片提供 ○ 礼拜文房具 **108**

图片提供 ○ 直物 **109**

图片提供 ○ 直物 **110**

图片提供 ○ 直物 **111**

图片提供 ○ 直物 **112**

108. Pilot Ball Liner 条纹滚珠签字笔
条纹笔杆的造型相当清爽朴实，塑料笔头搭配金属滚珠也造就兼具钢珠笔与原子笔的滑顺书写效果。不过0.8mm的笔尖较粗，且出水量稍多，所以较不适合写小字，也需挑选能吸墨的纸张搭配书写。

109. Touch Sign Pen
Sign Pen 的软性笔头类似自来水笔，但兼具硬度与弹性，可自由操控笔触粗细，共十二种颜色可供选择。Touch 款可写出更细的线条，营造毛笔般行书、小楷自如的线条美感。

110. 寺西经典签字笔
长销近半世纪的寺西经典签字笔，是寺西化学这家日本百年老店的招牌文具之一。笔杆细长，笔盖呈细长圆锥状，20世纪70年代风味的造型十分复古。笔尖较为细硬，适合书写细小字体。因方便操控笔触粗细，色样多，发色也浓艳，所以也适于绘画。黑、蓝两色的防水能力优于一般水性墨水。

111. Shachihata Artline 签字笔
日本旗牌 Shachihata 公司以做高质量印章与专业墨水起家，进而成为制作签字笔、麦克笔的文具业翘楚。这款签字笔有红、黑两种墨色，承继Shachihata 印台、墨水一贯的发色优点，色泽鲜润且便于书写。

112. Paper Mate FLAIR 签字笔
知名美国文具 Paper Mate 公司的长销经典款。外观复古，色彩缤纷，笔夹上两颗小小爱心是招牌标志。至少有8种墨色可供选择。与日系签字笔相比，FLAIR 笔尖书写效果较为硬、细，墨水快干，出水量也适中。

伴随一生的品位
铅笔

石墨与钻石属于元素碳的同素异形体，握着铅笔的时候，犹画下与钻石同样珍贵的石墨字迹。

铅笔是一种用于在纸上书写、绘画的手持式笔、工具，它是用石墨为笔芯以及木杆为外包层而制作的。铅笔的原型可以追溯至古罗马时代。古罗马人用纸莎草纸包裹一块铅来书写。经过百年的时间发展，现在的铅笔不仅有了木制的笔杆还有铅笔帽。铅笔常被误以为含铅，其实这是一个误解。现代铅笔多半以石墨和粘土来制造，石墨添加得越多，笔芯越软且颜色越黑；而粘土添加得越多，笔芯则越硬且颜色越浅，又大多会标上欧洲体系的刻度，从H（为硬度）到B（为墨色深浅），也称为F（为fine point）。

著名作家歌德曾说："我比较喜欢握住铅笔的感觉，它能给我较多的前进动力。因为在偶然之下，我遇见了它，笔杆和石墨唤醒了我夜里排徊的诗句，排解我的寂寞，我的作品因此而生。"可见铅笔作为众多作家与艺术家爱用的书写与绘图工具，从古至今历经时间的考验而历久不衰。

关键1

铅芯
一支好的铅笔必须要有极佳的石墨质量，铅芯由天然的石墨、黏土及铅，在严格的质量控管下制成，必须具备坚硬的材质，才不易磨损；然而铅芯却也要具备柔软度与弹性，才能符合粗糙的手工纸进行绘图，因此好的铅笔通常依照不同需求而有墨色与软硬度之分，至多可分为16种（2H～8B）。

笔轴

较佳的铅笔笔轴为松木，如 Faber-Castell 9000 使用巴西东南部的米纳斯吉拉斯（Minas Gerais）再生雨林的松木制造，由于松木耐潮硬度够，让铅笔更为坚固耐用。

涂装

铅笔外层的涂装影响外观与手感。因环保意识兴起，让制造过程中采用环保的水性涂漆成为大厂共识，这一项技术大大减低了生产过程中所有不利于环境的有害物质，也将危害人体的因子大幅降低。一般涂装包含了整体颜色、品牌及标志，以凸显各厂设计，并具标示铅笔笔芯种类功能。

FABER-CASTELL
最完美的顶级铅笔

摄影○ Anew-Chen

113. FABER-CASTELL 9000 铅笔

它是一支"永远有活力的铅笔"！一般来说，铅笔并不属于高贵的书写工具，但从古至今它却是世上所有画家、诗人、作家最随身相伴的书写工具，FABER-CASTELL 9000 就是一支这样经典的铅笔。于 1905 年推出，是世界公认最经典的铅笔，由顶级石墨制成，顶级的硬度区分，共有 16 种不同的硬度，不论设计、素描、书写，绘画及制图，可满足不同行业人士的需求。

图片提供○直物

114. FABER 完美铅笔普通版

Faber Castell 的完美铅笔之一，这个款式的价格与使用上都是平易近人的，除铅笔本身外还附上夹笔盖，采用塑料制造、而非高阶款的金属材质，可兼作辅助轴使用，笔盖内藏有削铅笔器。

图片提供○辉柏

115. FABER 完美铅笔

由西洋杉与 925 纯银笔帽，延伸笔帽内建削笔器和塑料擦设计，让书写、擦拭、削尖合为一体，嵌入 0.05-0.06 克拉三颗闪耀钻石呈现出耀眼尊贵的光芒。这是在 2001 年德国 FABER-CASTELL 第 240 周年之际发表的尊荣限量版，被视为 Graf von FABER-CASTELL 系列的顶级杰作！

KOH-I-NOOR
钻石般的铅笔魔术

让人倾心于美丽色彩的KOH-I-NOOR，带起每个人想绘画的赤子之心。

在捷克颇富盛名的KOH-I-NOOR，名称KOH-I-NOOR之意源于1304年印度的钻石矿中产出的，一颗名为光明之山（KOH-I-NOOR）的钻石，号称是世界上最古老的钻石，而成立于1790年，专卖文具、色铅笔、水彩铅笔等绘图文具的捷克品牌便是取其钻石的概念，成为铅笔历史当中的一颗钻石。KOH-I-NOOR最特别的产品莫过于多彩魔术色铅笔、刺猬笔插和铅笔长颈鹿，而魔术色铅笔有着各式各样的色彩组合，每种色彩组合通过笔芯的色彩交错，在画出时会随着角度的不同呈现不同的色彩和粗细。

116

117

118

119

116. KOH-I-NOOR 短版魔术色铅笔
三角型笔身设计，长12.5cm。短版为原木包装，后有彩虹三色装饰，相较长版的12个颜色之外还多了一个颜色，共有13个颜色，也有混色用推笔配合使用。

117. KOH-I-NOOR 彩色铅笔
不同于其他KOH-I-NOOR的经典款式，这款彩色铅笔笔杆纤细，搭配金色外皮，提升整体质感，笔芯也以红蓝黄三种经典配色呈现。

118. KOH-I-NOOR 魔术色铅笔
笔杆以木质为材料，招牌彩色笔芯宽度为10.5mm，因笔色彩混合每次画出来的颜色都不一样，别有一番趣味。

119. KOH-I-NOOR 长版魔术色铅笔
笔身为三角型设计，长版为渲染云彩包装，总长17.5cm，共有12个颜色，三色混合笔芯可画出不同色泽变化的色彩，并可配合混色用推笔使颜色再变化。

每个人的童年回忆

SINCE 1913 HIGH QUALITY ✦Tombow‑8900 HB

120

Best Quality "RABBIT" ✶ 88 ✶ No.2

121

highest quality ✦ Tombow ⟨HOMO·GRAPH⟩ MONO 100 ✶ 2 B ✶

122

120. TOMBOW 8900 蜻蜓怀旧铅笔

1913 年 创 立 的 TOMBOW，以"扮演文具与使用者的桥梁"自居，这款8900 铅笔于 1945 年首卖，贩卖至今都不曾改变其黄绿为主调的包装，绿色六角形铅笔也始终维持惯有的质量及外观，散发一股浓厚的怀旧复古风味。

121. 玉兔经典黄杆铅笔

1964 年开始发售的玉兔铅笔，六角黄杆红皮头和上头灵动的兔子 Logo 是属于很多人童年的记忆，好削耐写是老师和工程师的最爱。

122. TOMBOW MONO 100 高级铅笔组

日本 TOMBOW 铅笔株式会社自豪的称 MONO 100 铅笔为 TOMBOW 生产过最好的铅笔之一，并以标上 MONO字样作为高质量系列商品代表，如相应而生的橡皮擦等。MONO 100 铅笔外身以黝黑烤漆配上金色的字样，并使用超微粒子及高密度石磨制成笔芯，可画出干净利落的线条，能写出滑顺且高密度的笔迹。

回归自然的铅笔

图片提供◎一郎木创 **123**

图片提供◎礼拜文房具 **124**

图片提供◎本东仓库 **125**

图片提供◎两眼一起 **126**

图片提供◎本东仓库 **127**

图片提供◎本东仓库 **128**

图片提供◎本东仓库 **129**

123. FIELD NOTES 原木铅笔
美国厂牌 FIELD NOTES 以简约实用为设计宗旨，推出的原木铅笔强调 100% 美国制、美国松木制作，由里而外的美国风格。全笔散发淡雅松木香，笔芯部分经特殊处理较不易折断碎裂，表面图案由环保大豆油墨印制，笔尾附有无毒橡皮擦。

124. TOUT SIMPLEMENT 磁性雪松木制铅笔
法国 TOUT SIMPLEMENT 的雪松木铅笔选用法国林场认证的环保木料，磁性铅笔可吸附金属表面，方便收置，造型细巧朴实。

125. 一郎木创木铅笔
传产转型的一朗木创馆，将台湾找回好木头的坚持，化为开发众多木产品的能量，其中推出的椴木为材质的木铅笔，展现其工艺与设计。木铅笔有圆形、方形及六角三种形状。

126. KIKKERLAND 8 Tree Friendly Pencils 环保纸铅笔
创立于 1992 年的 KIKKERLAND 秉持着创意有趣的精神，品牌名代表对青蛙的亲密昵称。这款 8 Tree Friendly Pencils 环保纸铅笔也具有相当的独创性，以回收纸制成笔身的环保铅笔，以自然主题做包装，并且盒子上有黑色砂纸，需要削尖铅笔时，只要将笔尖摩擦盒子上的黑色砂纸即可。

127. PALOMINO 铅笔
PALOMINO 铅笔推出的五种款式铅笔，分为 Prospector 绿杆（green）、木杆（wood）、Golden Bear 蓝杆（blue）与红杆（red），皆为无毒漆料、雪松木笔杆材质，设计为学生铅笔与办公室事务用实用铅笔，搭配各色橡皮头，有特别的活泼气息。

128. FrostChoice 木匠铅笔
墨绿色的扁平木匠铅笔可以使用不同角度可画出多种宽度，木色外观的圆形原木铅笔则为经典款式。

129. FrostChoice 香杉原木铅笔
美国 ForestChoice 推出的香杉铅笔，作为世界第一个获得 FSC 环保认证的铅笔制造厂，采用 FSC 认证计划种植之香杉林，适于美工刀削铅。

颠覆铅笔的既定印象

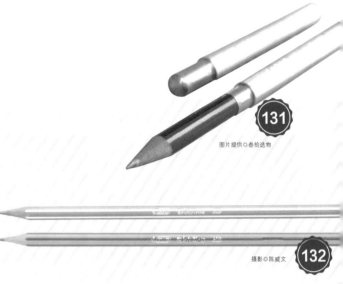

图片提供○叁拾选物 **131**

摄影○陈威文 **132**

图片提供○礼拜文房具 **130**

图片提供 © Cherry Books & Living **133**

图片提供 ○ citiesocial **134**

图片提供○叁拾选物 **135**

图片提供 ○ citiesocial **136**

---

130. KIRIN 螺旋铅笔
日本 KIRIN 的 EDDY PENCIL 推出的三色螺旋铅笔，特色是有法国面包的纹路，并以金为底色配上红、绿、蓝色三种款式，颜色搭配有节庆感，如圣诞节般欢乐。

131. 法国黄铜笔杆
全笔杆采黄铜材质，表面外观一条条的装饰线条，非一般的拉丝处理，而是深刻制造的，在圆弧的笔套上，每支笔杆内的铅笔，皆为古董铅笔了，颜色也不同于目前习惯的配色，因此让整各笔杆呈现浓厚异时空气息。

132. BiC HB 铅笔
68 岁的法国品牌 BiC，相对老牌年轻，众多设计突破笔款基本样貌并推出新主题，如国家限定款，在橘色笔杆的经典款上玩花样，推出缤纷的彩色 BiC 铅笔。

133. ITO-YA 伊东屋 ROMEO No.3 铅笔
日本 ITO-YA 伊东屋出的 ROMEO No.3 铅笔，笔身木轴经过消光、防滑与涂装处理，伊东屋流的专有设计表现在笔轴尾端，附有黑色的橡皮擦与笔身融为一体。

134. Perfetto 铅笔 by Louise Fili
1953 年出生的知名图文设计师 Louise Fili 设计的这款 Perfetto 铅笔组合，融合复古包装与意式风格。

135. Sharpwriter 经典黄色旋转铅笔
Sharpwriter 是美国老品牌，经典黄色旋转铅笔拥有超过 50 年的历史。虽然外壳是显眼的黄色塑料制成，但它并不是自动铅笔，笔芯如同铅笔无法更换，外壳作为笔芯的保护，让特殊笔芯不易断裂，通过旋转笔头的方式，将内藏的笔芯转出后即可书写。

136. Duncan Shotton 彩虹铅笔
由英国设计师 Duncan Shotton 推出的彩虹铅笔，笔身是由回收废纸制成的再生纸制成，6 层的再生废纸堆栈出色彩缤纷的彩虹，使削铅笔时产出的半圆再生纸削，化为一道道美丽的彩虹。

摄影◎白仪芳

137

SWAROVSKI × Francesco RUBINATO
意大利文具的璀璨光辉

创立于意大利20世纪80年代的知名文具品牌Francesco RUBINATO，
通过水钻铅笔的设计，让铅笔绽放璀璨光芒。

Francesco RUBINATO创立于20世纪80年代的意大利，前身位于Treviso城市的知名文具店，文具历史渊源丰富并充满热情，创始人和伙伴开发出多款新式却富有古典气息的书写工具，志于将文具设计与艺术创作的内涵融合，并常和往来客户交流推广书写文化的建议和想法。这款Francesco RUBINATO与SWAROVSKI合作的水钻铅笔，以施华洛世奇高亮度水晶钻配上黑色木芯铅笔，产自意大利，位于铅笔后端的水钻，让书写时闪耀意大利风格雍容华贵的璀璨光辉。

ichihan
不断改变重心的书写设计

ichihan推出的铜帽黑木铅笔，
作为台湾新设计，
带来铅笔书写的不同重心手感。

ichihan由两位自由设计师ichi与han于2010年共同创立，希望能以新创设计公司的力量发挥台湾设计，延续台湾优质工艺。ichihan设计以取自自然材质的设计品为主，以将产品融入家家户户之中为目标，并希望传递真挚丰厚的生活态度。这款ichihan推出的铜帽黑木铅笔，笔身以烟熏染制的木头制作，纯黄铜制的笔帽以不上漆作处理，经过时间焠炼色泽会慢慢变化，并让铅笔重心往后移。使用过后，黄铜笔帽搭配不同长度的铅笔，使全笔重心不断改变，为书写带来不同手感。

图片提供◎ ichihan

138

散落于笔尖的色彩

139. 法国 Marc Vidal 24 色彩色铅笔
于 1972 年创立的法国品牌 Marc Vidal，
以生产美丽的文具为使命，这款 24 色彩
彩色铅笔，黑色笔杆透露出质感品味。

139

140

140. a-liFe 环保再生纸彩色铅笔
a-liFe 环保再生纸彩色铅笔
为环保再生纸材质制造的铅
笔，整体笔身皆为灰白色调，
一组共有 12 支不同颜色的
铅笔，并以牛皮纸包装，环
保的概念由里而外。

141

141. Berol karismacolor 12 色灰阶铅笔
Berol 公司以生产色铅笔著名，原品牌
名称为 USA Berol PRISMACOLOR，
与 SANFORD 合作后品牌初期名称为
Berol PRISMACOLOR，后期名称为
PRISMACOLOR，Berol karismacolor
12 色灰阶铅笔为公司改组前生产的产
品，虽停产却仍是文具爱好者搜寻的热
门品。

摄影 © Anew-Chen

笔杆造就墨色精彩

142. LYRA Groove 三角洞洞铅笔

来自德国的 LYRA 洞洞铅笔，拥有
200 年的历史，此款 LYRA 儿童三
角洞洞铅笔曾荣获德国红点设计，
三角型的笔杆和具高低差的挖洞设
计能够自然引导手指做出正确的握
笔姿势，在视觉上除了别具特色外，
也能提供眼睛自然休息的动线。

143. KOH-I-NOOR Carpenter-Pencil
木匠铅笔

扁平的笔身是木匠铅笔典型的样
子，最主要的目的在于防止滑落，
而白色的铅芯则是为了能够在木头
上作出记号，外观上也以全白色彩，
便于木匠在找寻时方便显眼。

144. KIRIN 螺旋铅笔

日本 KIRIN 推出的 EDDY PENCIL，
与另一款 Woody Pal 铅笔同样有着
法国面包的螺旋纹路，笔杆后端搭
上鲜艳的色彩，活力十足。

145. MIDORI 经典黄铜系列（棕色）

漆上棕色的外观搭上粉色橡皮擦，
MIDORI 经典黄铜系列小巧的外型
携带方便，不使用时能收起不让铅
笔笔头露出画到其他东西上，也保
护它不断裂。

146. MERCHANT & MILLS 短铅笔

源于英国裁缝品牌的 MERCHANT &
MILLS，为便于裁缝时使用，削短
长度，不仅方便拿取而且黑色笔杆
也显得利落有型。

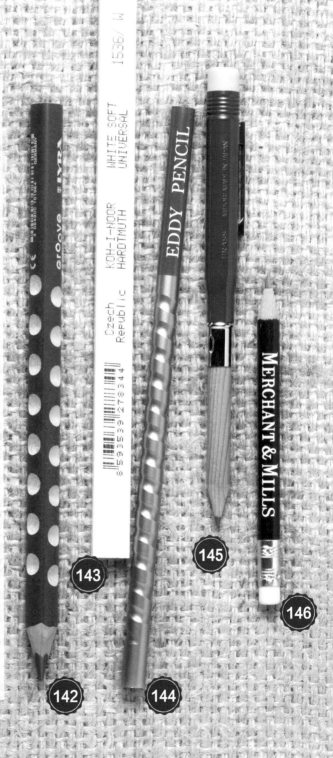

铅笔的墨色哲学

147. CARAN d'ACHE Les crayons de la maison CARAN d'ACHE 铅笔

从世界各地选择不同的木头，搭配卡达质量优异的笔芯制作而成的卡达限量铅笔，每款均由不同原木材质制作，展现清晰的木纹之美。笔杆上鲜明的 CARAN d'ACHE Logo 及 SWISS MADE 印记之外并有 FSC 环保认证，质感与环保兼具。

148. 夹式铅笔辅助轴

夹式铅笔辅助轴为当铅笔使用耗损而过短时，可加长继续使用的工具，不但可以当作铅笔延长轴使用，也可以当成握笔辅助器，增加握力之外接触面较铅笔来得广，长时间笔记也不易疲倦，并增加铅笔的使用寿命。

149. PALOMINO/BLACKWING 扁铅笔

PALOMINO/BLACKWING 生产的扁铅笔，削完的笔尖可由细与宽两种方向使用，橡皮擦可以拆解再补充。长扁的造型便于别于耳后，适合建筑师或木匠在工地使用，又称为木匠铅笔。

150. FABER CASTELL/GRIP 2001 铅笔

百年老字号的 FABER CASTELL 铅笔厂出产的 GRIP 2001 款型，是经典的石墨铅笔。外观以三角形笔杆及防滑点设计有别于其他铅笔，使书写或绘画不易疲累。

151. PALOMINO/BLACKWING 602 铅笔

Blackwing 602 产于 1930 年代，曾被赞誉为全世界最棒的铅笔。1998 年停产后在 eBay 创下单支售价 40 美金的纪录，2012 年重新复刻出产，笔身以金色重新铭记 "Half the Pressure, Twice the Speed"，重新见证书写历史。

152. PALOMINO/BLACKWING PEARL 珍珠白铅笔

Blackwing Pearl 珍珠白色款式搭配金色 Logo，Blackwing602 银色笔芯硬度接近而稍软。雪白的设计亮眼而精致。

153. 三菱 Hi-Uni 铅笔

三菱 Hi-Uni 是日本第一支高价位的量产铅笔，以高质量的表现赢得销售佳绩，是三菱铅笔的经典型号。Hi-Uni 笔芯石墨比例经过调整，能够做到既滑顺但磨耗又少的境界，广受日本文学界、漫画家、艺术家的爱用，也经常出现在建筑工地赢得木工师父的心。

154. Craft Design Technology 铅笔

CDT 秉持着"工匠手艺"、"设计理念"、"科技"的精神，在历史悠久的日本文具坛创作出独一无二的工艺文具，精选白绿色为主题，为日本设计师郑秀和所设计。

155. CARAN d'ACHE TECHNOGRAPH 铅笔

CARAN d'ACHE 经典笔厂出的 TECHNOGRAPH 经典款式，橘黄笔身搭配上金色字样，设计造型简单利落，笔芯书写起来十分有弹性。

156 月光庄素描铅笔及皮革笔套

月光庄是日本最早的西洋画材商、也是首先推出日本自制油画颜料的公司，从大正六年（1917 年）创业至今已近百年历史。它的商标，圆圆的喇叭图案，可见于这款日本月光庄素描铅笔及皮革笔套上。

147

兼具机械科技感与铅笔手感的实用书写工具
自动铅笔

自动笔，别名机械铅笔，增添了机械的精巧耐用、不必削笔的方便，又保留铅笔石墨的素朴质感，是风行近两百年的书写工具。

最早的文献纪载着世界上第一支自动铅笔于1822年在英国发明，自动笔品牌当中首推1918年出产至今的AutoPoint，早期在使用前，需由笔尖处放入由石墨制成的细笔芯（俗称铅芯），笔尖通常为夹式设计以防止笔芯掉出，其后自动笔在欧美及日本引起风潮，夏普公司创办人早川德次于1915年也发明了自动铅笔，至1970年代，自动铅笔已风靡日本校园，按压自动铅笔或拿笔尾橡皮擦作戏，是许多人念书时的青涩回忆。在人手一支的20世纪30年代~70年代，也带动各品牌纷纷设计出更具新意，加入弹簧、后盖等巧思设计，至今已发展出多样材质、兼具设计与书写手感的选择，也针对制图、速记等需要推出特别款式，而笔芯的规格与色彩也相当纷繁。

关键1

出芯方式
有旋转出芯或按压出芯两种。前者较为复古，适合喜爱慢慢享受书写乐趣的人；后者则可享受按压机构出声的快感，按压顺畅是必备条件。

关键2

笔杆
以好握耐写为原则，按压机构与握笔处是否具设计巧思是购买时体验手感的实用考虑，例如以角形笔身防止滚落、设计纹握位提供适当的握持感，以及配合活动或非活动笔夹等。传统上笔杆后会设置小型橡皮擦作为笔芯的挡口，后也有改良将旋转式橡皮擦直接安装于此，使橡皮擦的功能再发挥。至于笔身材质则有木质、贵金属、塑料、仿铅笔等多样选择，可依审美需要挑选。

关键3

护芯管
自动铅笔的护芯管为保护铅心与平衡出芯的重要器具，制图笔一般为 4mm 长，使书写者能拥有绝佳的纸面视野，其余各家自动铅笔搭配笔头设计，护芯管各有不同粗细与长度。

关键4

笔芯
自动铅笔的笔芯规格以直径为准，自动铅笔一定要配合符合标示直径的笔芯使用，目前以 0.5cm 最为常见，并以硬度为 HB 的笔芯最普及，另有其他硬度的笔芯可以选择，除黑色的石墨笔芯之外，市面上也可以找到很多其他颜色的笔芯。

玩味自动铅笔

157. AutoPoint All America 自动笔
All America 自动铅笔采用最复古的旋转出芯方式，是最富复古操作手感的自动铅笔，手握感佳，不易晃动，故障率也较低。笔芯 0.9mm，附橡皮擦，适合日常书写，也有特殊储芯槽设计，可增加笔芯收藏量。

158. CARAN d'ACHE Fixpencil 77 工程笔
瑞士卡达品牌最经典的文具，曾名列瑞士政府的经典设计系列邮票。笔杆以全金属打造，却仅有 10g 重，是十分轻巧灵活的工程笔。有别于一般自动铅笔及日系工程笔，这款欧系工程笔装填笔芯时要撑开勾爪从笔尖装入笔芯，笔尾则附上磨芯器。

159. AutoPoint Twinpoint 自动笔
1918 年至今的自动笔，与同厂 AutoPoint All America 同样选用百年前的旋转出芯操作，具宛如机械表的操作乐趣，书写手感也稳健耐用。这款 Twinpoint 的特殊之处在于可双头填芯，两头红、蓝、黑等不同颜色标示笔芯的颜色。

160. 'MARK'S 木轴自动铅笔
造型像普通的铅笔，实际上是可替换笔芯的自动笔。

161. CARAN d'ACHE 884 Junior 工程笔
有别于其他卡达黑色调的经典工程笔，884 Junior 针对年轻族群设计，笔杆选活泼色调，笔杆边缘的防滑纹路则是早期卡达工程笔的制作标记。笔芯由笔间放入，稳定度高，适合小孩使用，笔冠附磨芯器，可以磨尖自动笔芯。

162. PLATINUM 白金牌 PRESS MAN 自动铅笔
PRESS MAN 又称记者笔。这款自动铅笔专为速记需要而设计，学生、记者都很适合使用。塑料笔杆极轻。采用不易断且不刮纸的 0.9mm 粗笔芯，与耐震抗压的强笔压机构，可以减少快写时笔芯突然折断的情况。

摄影© Anew

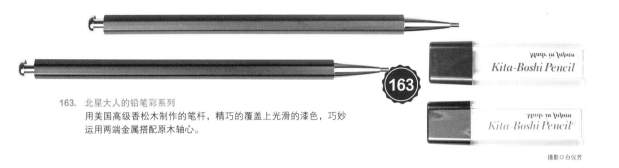

163. 北星大人的铅笔彩系列
用美国高级香松木制作的笔杆，精巧的覆盖上光滑的漆色，巧妙
运用两端金属搭配原木轴心。

摄影◎白仪芳

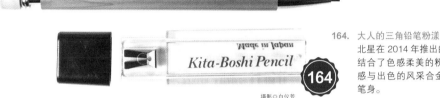

164. 大人的三角铅笔粉漾
北星在 2014 年推出的三角铅笔，保留原木特点
结合了色感柔美的粉色橡皮擦，勾勒出温暖美
感与出色的风采合金笔夹与 12cm 长度大三角
笔身。

摄影◎白仪芳

北星铅笔
重新眷恋的书写手感

为了勾起大人们童年的书写记忆，北星以"大人的铅笔"命名，
并以特殊的设计再造另一种自动铅笔的姿态。

北星铅笔（PENCIL HOUSE）座落于东京邻近东京晴空塔的葛饰区，由原为伊势德川文书的杉谷家族，创立于明治时代的北海道，在东京开创铅笔制业时，特以北海道的北字命名为——北星铅笔。铅笔削着自己的身体，让不偏不倚的由正中心穿过的笔芯以书写，大大的削着自己的身体，努力，并且实现描绘伟大的梦想是北星世代经营60年来不变的精神。60年后推出纪念作品——大人的铅笔，获日本2011年度文具大赏，希望让人重拾最初写字的快乐，以自动笔形式的原木笔身，置入可削式笔芯，使用诞生于昭和35年（1960年）的专属笔芯削，专属笔芯削采用发条钢片制作，同时由四个方向切削笔芯的特殊设计，可以毫不费力。

165. 北星"大人的铅笔"
这款"大人的铅笔"的设计用意是让成人能回味孩时用铅笔写字的温暖，又兼具对品味的坚持。笔杆选用美国高级香松木，展现原木温润手感与甜暖色调；笔芯则采用日本最好的 2mm 笔芯，书写滑顺不易折断。

摄影◎白仪芳

享受笔芯与金属的清脆撞击快感

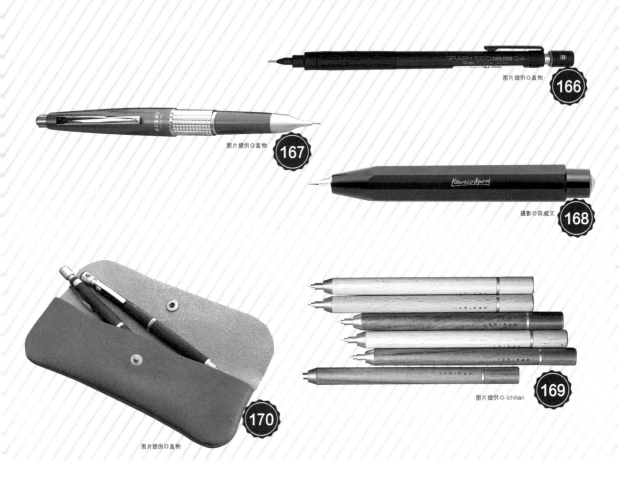

166. **Pentel PG1004 自动铅笔**
Pentel PG1004 是文具迷口耳相传的经典款。黑色笔身是由黄铜制成，握位平行排列的橡胶颗粒，有防滑与增加书写持久度的舒缓效果。外观为内敛的纯黑，适用笔芯款式可买到 0.5mm、0.4mm、0.3mm 三种，既可当制图笔，也很适宜日常书写。

167. **Pentel KERRY（日版）钢笔型自动铅笔**
Pentel KERRY 已长销逾 40 年，虽是自动铅笔，却有钢笔般精致附笔盖的造型。笔杆外观椭圆复古，笔腰银格纹饰与橄榄绿、烟熏灰的优雅色泽。可由笔杆尾端按压出芯，也可运用笔盖前端的小圆柱钮，在将笔盖盖上笔杆时正常出芯。

168. **Kaweco CLASSIC 自动铅笔**
德国 Kaweco 推出八角形设计自动铅笔，此系列以黑色亚光铝制作自动铅笔笔体，因重量轻巧使握杆轻松，表面采雾黑面处理，易于携带的尺寸，适用于 0.7mm 以及 0.9mm 等笔芯。

169. **ichihan 旋转自动铅笔**
两位台湾设计师 ichi & han 旨在于设计中呈现材质真实的质感。ichihan 旋转自动铅笔结合上等木材与黄铜，表现木材自然的温润肌理，与金属坚韧明亮的特性。选用台湾与德国共同研制的旋转笔芯，笔身则搭配非洲樱桃木与黄铜，红褐纹理高雅温暖。手感沉稳厚实。而另一款半手工制作的自动铅笔，黑褐木质纹理拙重朴实。选用坚硬抗旱的铁刀木，是制作建筑、家具的上等木料。

170. **PILOT S20 木轴自动铅笔**
百年文具老店百乐 PILOT 这款木轴自动铅笔，有深棕、深红两色木制笔身可供选择。采按压出芯，笔身的流线型、低重心设计兼具美观与书写舒适感，是相当实用的自动铅笔。

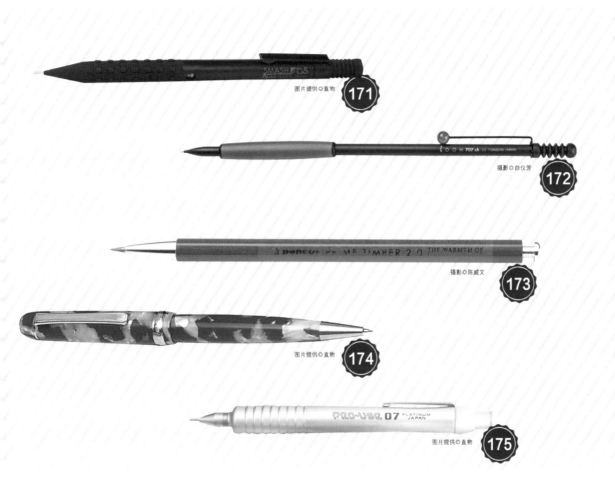

图片提供◎直物 **171**

摄影◎白仪芳 **172**

摄影◎陈威文 **173**

图片提供◎直物 **174**

图片提供◎直物 **175**

171. Pentel SMASH 自动铅笔（经典）
SMASH 被誉为日本三大好写自动铅笔之一，笔友曾赞叹"这支笔写再久也不会累！"1989 年曾获长销商品奖，热卖数十年。其特色在于按压处有手风琴格纹橡胶护套，可防滑并增加造型特色。握位上也有橡胶颗粒为著名的"SMASH 握感"。低调洗炼的设计。目前数量相当稀少，是不少文具爱好者追求的收藏品。

172. TOMBOW 淑女自动铅笔
1987 年发表的笔款，是 Design Collection 早期的代表作之一，设计的理念为一支上手的笔，可以在外型上做到如何的细致而又不影响使用上的便利性，于是创造出淑女笔，特殊的造型让人玩味。

173. 北星大人的铅笔
香松材质笔杆，共绿、红、黄、橘、白五种主色，笔身撞色设计十分热情活泼。此款是福冈品牌 HIGHTIDE 与 PENCO 的联名作，曾获日本 ISOT 文具大赏，也是北星铅笔株式会社创立 60 年的经典作。

174. 赛璐珞自动铅笔
赛璐珞由樟树提炼，高硬度、低脆度，材质温润如玉，是高级钢笔常见的素材，但用于原子笔、自动铅笔则相当少见。而这款选用特殊的赛璐珞材质，红、白纹理斑块交错，带点半透明，鲜艳璀璨如锦鲤身段。观赏、收藏价值相当高的特殊材质自动铅笔。但因赛璐珞原料含硝酸纤维素，容易起火燃烧，所以不可靠近高温火源。其余与一般保养方式无异。

175. 白金牌铝杆自动铅笔（短版）
铝制笔杆外型时尚，笔身缩短、笔身加粗，握起来十分舒适。笔夹可以拆卸，也附有彩色金属环刻字的笔芯硬度指示。因为了增加书写稳定性，有特殊出芯机构设计，故不建议随便分解这枝自动铅笔。

多样风貌的橡皮擦
橡皮擦

可塑性高的橡皮擦针对功能而改变形体与材质，在消逝与重现之间徘徊。

橡皮擦第一次出现在1770年一个英国化学家的描述中，他发现了一种可以拭去铅笔墨迹的植物胶，称呼此种物质为Rubber，后由工程师发明了广泛贩卖的橡皮擦，让当时整个欧洲均采用切成小立方体的橡胶粒来擦走笔迹，这种物质遂称为橡皮擦，在普及并传至美国后称为Eraser，英国则延续称为Rubber，也就是我们现在所称的橡皮擦。

橡皮擦一开始以单纯的白色为主，现在推陈出新的橡皮擦可以是任何颜色，甚至是任何形状与组合，其主要构成物料是橡胶，分为天然与合成橡胶，在特殊功用的橡皮擦中则含有塑料成份以改变本身质地。初期的橡皮擦并不算方便，因为未经加工的橡胶容易腐坏，直至1839年加入硫化反应的制程，橡皮擦质量才提升。橡皮擦因其可塑性而使外观多变，像是针对功能性的极细、流线外观等，并且可作为装饰用，例如不同形状、颜色与主题等，配合包装而有各种不同的发挥与创意，造就多样风貌的橡皮擦。

材质
橡皮擦的材质影响它的质地与作用，例如以柔软而粗糙的橡胶制成的棕色橡皮擦，便于擦除大面积的痕迹但并不能很有效和准确地擦除笔迹；软橡皮与树胶相像，不会留下残渣而以"吸收"石墨的方法去掉笔迹，然而它不善于去除大面积的笔迹，而且若过度受热便会弄脏甚至黏住纸张；热塑塑料适合擦拭浓黑笔触铅笔书写痕迹。

形状

橡皮擦除了接在铅笔尾端、粗细和铅笔相类的橡皮擦外，也有呈长方体状的橡皮擦，以及呈圆锥形、能盖在自动铅笔尾部的橡皮擦，一般聚乙烯基橡皮擦因塑料质感可塑性佳，各厂推出各种便于擦取的形状与硬度，供不同需求使用。

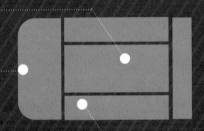

组合

橡皮擦有时会和橡皮擦夹、清洁碎屑与不同功能的部分结合，如橡皮笔或擦胶笔以细芯橡皮结合金属制导管支撑橡皮芯、列车式橡皮擦以双边擦芯概念分为可擦拭一般铅笔痕迹的白色擦芯与针对制图笔墨水擦拭使用的黄色擦芯等，甚至是简单的长方体橡皮擦，也有和清理残渣的橡皮结合的设计。

176

177

图片提供◎ TOMBOW

176. 177. TOMBOW MONO zero 蜻蜓牌细字橡皮擦

TOMBOW 出产的 MONO zero 细字橡皮为设计图、底稿、细部修正精密的利器，号称全世界最细的橡皮，极细丸型、角型橡皮蕊条按压式推出，以金属制导管紧密支撑橡皮蕊，不易断裂每按一次推出 0.7mm 的规律长度，是精心计算出来不让金属刮伤纸面的长度。外观延续 TOMBOW 最经典的蓝白黑条纹配色，角型能大面积擦拭，边角则能修正复杂工程图的细微错误；丸型则能专注于擦拭更细节的笔迹。

178

图片提供◎ TOMBOW

178. TOMBOW MONO 蜻蜓牌橡皮擦

最经典的长方形蜻蜓牌 TOMBOW 橡皮擦，是 1967 年创业以来的 55 周年纪念，最高等级 MONO 100 铅笔组发表时产生的，当时是 MONO 100 铅笔的附属赠品，1969 年 MONO 橡皮擦才正式贩卖，蓝白黑的配色延续至今作为经典不败的款式代表。

TOMBOW
历久弥新，文具界里自由飞翔的蜻蜓

TOMBOW品牌意旨为蜻蜓，从日本起家至今以成为了百年文具品牌，仍持续推出新产品与新设计。

1913年小川春之助商店设立，开始铅笔的制造与销售。1931年正式将 Tombow Logo放在商品上面，后扩展至钢珠笔类、橡皮擦等其他文具。TOMBOW铅笔株式会社的总部设在日本东京，在泰国和越南设有两个海外生产基地，并在美洲、欧洲设有分部，几乎全球皆可看到TOMBOW铅笔株式会社的产品。从创立以来TOMBOW铅笔株式会社致力于推出经济实惠又好用的文具用品，充满热情地投注研究与开发新设计文具，推出诸如知名MONO系列铅笔与橡皮擦、铅笔组合等，出产配合一般书写和工业制图等领域的文具以及Design Collection高级笔系列。

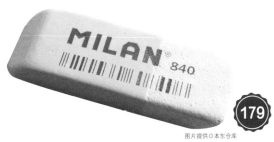

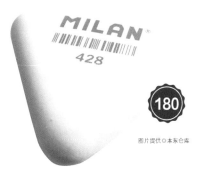

179. MILAN 双用途天然橡胶
     一头擦拭铅笔,一头是用来擦拭钢笔
     的两用橡皮擦。

180. MILAN 三角橡皮擦
     软合成橡胶,擦拭起来柔软,有型的
     外观更是许多设计师爱用的款式。

MILAN

犹如变形虫的多样式橡皮

来自西班牙的MILAN品牌创立将近100年,
用各式各样的橡皮擦满足着大家的不同需求。

1918年创立的MILAN西班牙最大的文具制造商,一直是一家以创意与创新及高质量而闻名的家族企业,现今仍是世界顶尖的橡皮擦制造商,出产的橡皮擦造型多元功能各异,出产于西班牙的橡皮擦不含磷本二甲酸盐,亦无添加重金属及香味添加剂,以无毒与好用著称。

181. MILAN 加倍柔软橡皮擦
     超强吸附力,不掉屑。适用于艺术创作,
     特别适合轻淡笔触铅笔书写痕迹。

182. MILAN PVC 橡皮擦
     塑料橡皮擦,名称为 Plastic/PVC Plastic
     eraser,为质地较硬的橡皮擦,有各式造
     型供选购,适合一般事务书写,各种纸
     面均适用。

告别各种墨迹的无敌橡皮

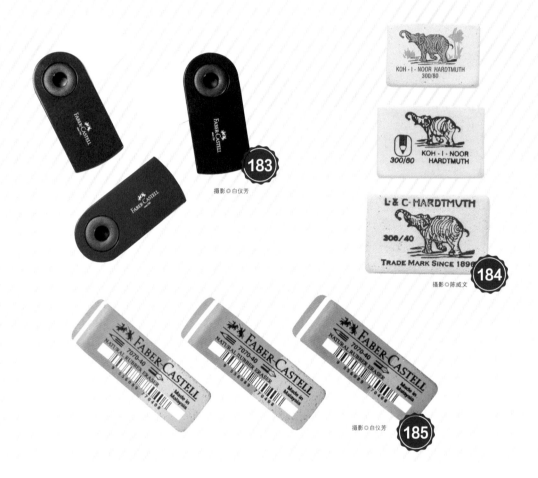

摄影○白仪芳

摄影○陈威文

摄影○白仪芳

183. FABER-CASTELL 吊挂旋转橡皮擦
来自德国的 FABER-CASTELL 吊挂旋转橡皮擦，外层覆上一层保护套，使用时拉开瞬间延长抓握面积，让使用者更好掌握，使用完毕时保护套可让塑料擦更方便收纳，保护橡皮擦的白，不含 PVC 材质，可擦拭大面积，较细的前端两侧尖角，也可更精准擦拭微小修改处，适用于铅笔及色铅笔。

184. KOH-I-NOOR 复古大象橡皮擦
捷克文具品牌 KOH-I-NOOR 的欧式复古橡皮擦，由天然橡皮所制成，为擦拭铅笔专用。

185. FABER-CASTELL 全能橡皮擦
红色一边有铅笔图案的适用擦拭铅笔迹，另一边蓝色钢笔图案则是用于擦拭原子笔和钢笔笔迹，配量因应书写习惯为红色大于蓝色。

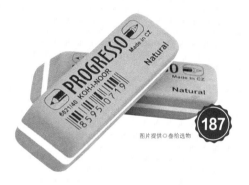

摄影○陈威文

图片提供○叁拾选物

图片提供© Cherry Books & Living

图片提供○直物

186. KOH-I-NOOR MAGIC 橡皮擦
七彩的外观亮丽有型，可擦拭七彩色铅笔，像是呼应 KOH-I-NOOR MAGIC 彩色铅笔一般的多彩特色。

187. KOH-I-NOOR 天然两用橡皮擦
捷克 KOH-I-NOOR 出产的天然两用橡皮擦，由天然橡胶制成，设为两头使用，一头擦拭铅笔，一头是用来擦拭钢笔的两用橡皮擦，造型复古，增添书写与绘图的乐趣。

188. KOH-I-NOOR 圆形经典橡皮擦
捷克 KOH-I-NOOR 出产的圆形经典橡皮擦，以天然橡胶制成，质地柔软好擦，可擦除铅笔、色铅笔的痕迹，圆形表面上印制 KOH-I-NOOR Hardtmuthg 商标全名，搭配白色橡皮擦本体。

189. SEED SUPER GOLD 天然橡皮擦
SEED 特别选用高级天然橡胶制成的 SUPER GOLD 橡皮擦安全无毒，在手感上比合成橡皮擦硬一些、擦屑较细小，但几乎已与合成橡皮擦的消字能力齐平，甚至比部分产品更好，且损耗少、更加耐用，是 SEED 公司产品线当中最高阶的产品。橡皮擦印了 SEED 的代表图案乌鸦与壶，并附上金色金属套，经久使用不会像一般橡皮擦的纸外壳产生破裂情况，而金属外壳的留缝设计，除了保护橡皮擦外，可以夹持住橡皮擦本体，使橡皮擦不会在金属外壳中滑动。

随身携带或最常使用的书写工具？

李台营（后简称Lee）：我自己因为习惯用粗的笔尖，字又比较大，因此WATERMAN EDSON宝石红钢笔是我最常使用的笔。

书写工具对你的意义？

Lee：从小到大就是一直用钢笔的，但随着时间、信息时代的来临，越来越少人愿意书写，而我特别喜欢钢笔相较于原子笔会有粗细变化的样子，也喜欢研究钢笔，和笔友们互相交流、交换笔来写，我们就是这样找出那只最适合自己的一支笔的。

选择书写工具的重点？

Lee：我自己首重的是书写的舒适感，外型倒是其次。好的钢笔其实就像人，什么样的人是好人？什么样的人是坏人？其实都是因人而异的，对一个人来说是好的钢笔，对另一个人来说则未必，但总有一支笔是会让你字写得漂亮、写得习惯的，那就是一支好的笔。

有没有一些绝版收藏、古董的书写工具？相关的收藏故事？

Lee：我有一支法国S.T.Dupont Chairman一直跟着我，大概是八年前，那时候有一个笔友推荐我这支笔。像我们喜欢钢笔的人，听到

用几个十年换一笔墨色
书写藏家——小品雅集李台营

小品雅集里老板李台营与一批又一批进来的客人，
正确来说或该称笔友，
畅谈笔尖与笔杆，他们交换一支又一支，
像是一场魔幻时光，从掌心到掌心的交谈，
仿佛时间就该被这么浪漫的磨耗着。

文_邱子秦 摄影_白仪芳

有人说哪支笔好就会想尽办法找到它，去写一写试一试，想亲自体验看看，当时就找到一个人愿意卖，但我觉得上面已经刻了字又是旧的，而且价钱也高，索性就放弃，想不到后来在网络拍卖上看到那支笔在竞标，听说比当初卖给我的价还低，心里觉得惋惜。过了一阵子，我们笔友的聚会上，又看到那支笔，一问之下才知道，原来当时竞标到的人放弃选择买下另一支，所以赶快买下，用了一阵子，挨不过其他笔友的央求卖出，类似这样的状况来来回回发生三四次，和这支笔的缘分很深，墨绿的笔杆简洁的线条一次次看，觉得简单的东西其实是最耐人寻味的，而Chairman之名似乎也意味着它特殊的价值，从那之后就一直留在身边了。

李台营

因为一支钢笔，找到会修笔的人，然后与一个一个爱笔人串连起来，尔后开启一片网络，成立钢笔论坛"笔阁"，到最后开了小品雅集一店，以交朋友的方式彼此联系，汇集起一群书写爱好者。

Lee 的经典文具 5+

190. PAKER Flexible Nib
复古款式的 PAKER 弹性笔尖，笔身弯曲刻纹，笔尖弹开幅度大书写时收放自如，可作很大的粗细变化。

190

191. Sailor Chalana
日本 Sailor 推出的号称世上最细的钢笔，纤细的银色笔杆，细密菱形的纹路小巧优雅。

191

192. S.T.Dupont Chairman
法国 S.T.Dupont Chairman，笔身墨绿无过多装饰却很精细，笔尾端可拉起半圆把手再旋开入墨。

192

193. PORSCHE DESIGN 纯钛钢笔
笔身以纯钛打造，全球限量 200 支，铁灰笔身利落质感，笔尾端记录编号，老板收藏到的是第 196 支。

193

194. 德国黑衫队钢笔
纯金色的亮眼配上直条纹金丝与海蓝色笔杆，图腾颇富历史感。

194

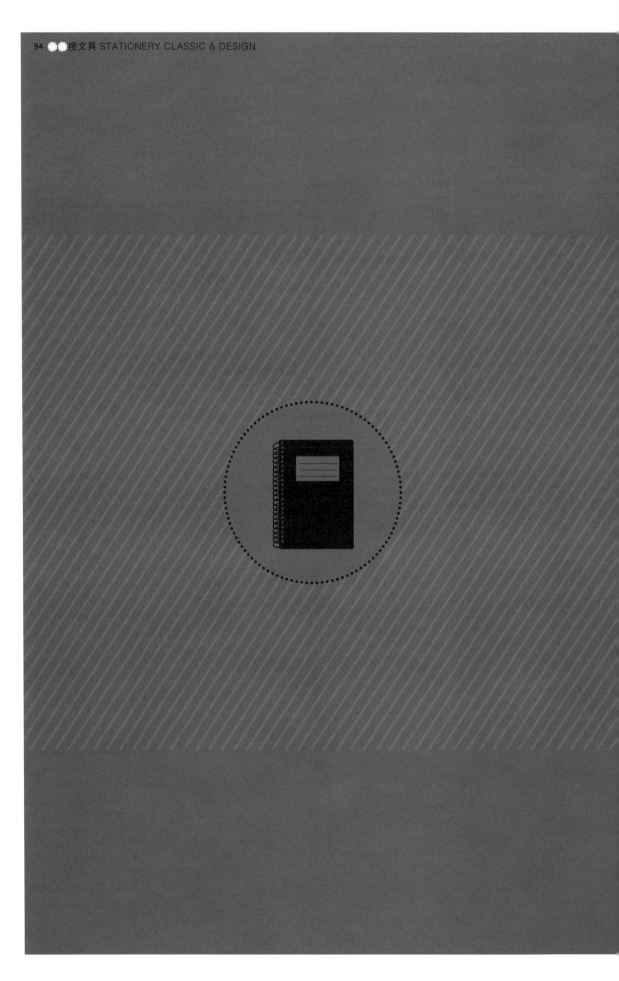

NOTEBOOK

笔　　记　　本

品味生活的纪录
笔记本

在众多款式中，选择最合乎个人需求的笔记本。

书写行为与人类历史几乎有着等长的
发展时间，现今在计算机与智能手机
当道、凡事讲求效率的时代，敲敲键
盘或触碰屏幕即可输入字句的方式确
实较以往便捷，也改变了人类的书写
习惯，然而通过亲笔书写，却更能够
完整表达书写者当下的情绪与情感。
不论是绘画、写作、日常记事或课堂
笔记等，挑选一本最合适的笔记本，
在一笔一划写下、画下的过程中，自
己仿佛也能循着字迹得到温暖的疗愈
力量。

装订
从一本笔记簿的装帧方式可以看出设计者的
细腻程度，好的装订能使笔记本翻阅顺畅、
平整摊放而易于书写，同时也要具备坚固耐
用、不易松散的特性。

外皮
封面是最直接呈现一本笔记簿之制作用心程度的关键，整体视觉设计的协调度可影响使用者的书写欲望与心情，而外皮纸质或皮革的选用则决定了笔记本的耐用度，必须足够扎实才能历经多次翻阅而不破损。

内页
不同纸品有着各自相异的特性，如质感滑顺的纸张特别适用于钢笔书写，而素描本则设定为适合以铅笔描绘的纸质，因此纸质的选用是决定该笔记本适用于何种书写工具的关键，另外无酸纸虽制作过程繁复且成本高，但有不易变质与可长期保存的特性，因而是许多高质量笔记本爱用的纸品之一。

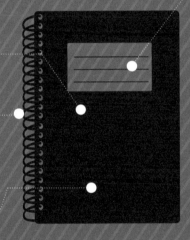

格式
笔记簿的规格也是在选择时必须纳入考虑的重点之一，直式笔记本因翻页容易，较横式更为适合快速记事与备忘，而横式笔记可同时展示两个页面，书写内容一目了然，适合各类笔记与心情记事。此外内页纸张普遍有空白、横纹、方格等样式，也不乏其他特殊图样，都是笔记本的特色与使用设定之关键。

一页风景

195. OGAMT 笔记簿—Quotes 系列
封面为简单的色块与符号设计，并印有 Helvetica 字体的哲学家、作家格言。采用"石头纸"作为内页，此种纸质以矿物粉代替传统木浆制作而成，外观虽与一般纸张没什么不同，却具有防水（适用原子笔与油性笔）、耐撕、防蛀虫等特性。

196. LIFE 笔记本
页面纸质适合钢笔书写，滑顺且不易卡纸屑。

197. 燕子笔记本
不同于经典款式的学院派花纹，此款封面框简单利落。

198. 满寿屋笔记本
封面的边框是剪纸艺术家高木亮所设计，笔记本所用的纸张与满寿屋的原稿用纸相同，适合钢笔书写。

199. APICA C.D. 笔记本
日本最国民的品牌，除了复古的页面让人怀念之外，另设计一款 premium 绅士用笔记本，采用较高等级纸质。

200. FIELD NOTES 笔记本
美国 FIELD NOTES 原先是农夫的口袋笔记本，因此尺寸设计为口袋大小，特别的是依主题推出不同口袋风格的款式，以便记录生活细节。

NOTE BOOK

Specially Prepared in Tokyo

MONOKAKI

196

197

198

C.D. NOTEBOOK

Choose the paper like you
would a good pen.

5mm section
MADE IN JAPAN

199

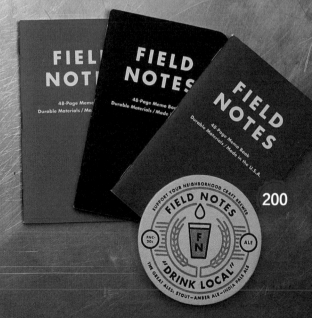

FIELD
NOTES

FIELD
NOTES

48-Page Memo Book
Durable Materials / Made

FIELD
NOTES

48-Page Memo Book
Durable Materials / Made in the U.S.A.

SUPPORT YOUR NEIGHBORHOOD CRAFT BREWER

FIELD NOTES

F
N

FNC-20c

ALE

"DRINK LOCAL"

THE GREAT ALES! STOUT·AMBER ALE·INDIA PALE ALE

200

掌握每日每刻的精品奢华

201. PRADA 砖红皮革记事本
砖红色皮革精装硬壳记事本，
采用高级纸质，使用钢笔书写
时顺畅细致。

202. LV 经典花纹帆布记事本
Monogram 经典花纹帆布记事
本封套，可作为日志或电话本
使用，内页可更换。

203. LV 水波纹记事本
以 Epi 皮革制造的水波纹记事
本封套。

204. MONTBLANC 沙漠系列记事本
La Vie de Boheme 系列沙漠棕
色记事本，亮面处理俄罗斯小
牛皮材质，表面压印鳄鱼皮革
纹路。

205. LV 亮面经典花纹记事本
Monogram Vernis 亮面经典
花纹记事本封套。

206. MONTBLANC 工作日志
Meisterstuck Selection 系列摩卡色小型
工作日志，印压鳄鱼皮纹壳面处理，内
层为柔软山羊皮，内附 4 信用卡夹层。

207. MONTBLANC 万用记事本
Diaries & Notes 红色万用中型记事本，
采柔软粒面牛皮制成，植物鞣剂揉制，
质感柔软细致。

关键

RHODIA 的纸版封面有三条褶痕，帮助使用者方便地向后弯折；厚达 120g 的内页，上面的淡紫色网格线（5mm）方便素描或制作草图。此外，厚实坚固的底板设计，即使站着时候也可以轻松书写，内页上方都有裁切虚线，可轻松且平整地撕去内页，多项贴心的细节独具法国人的书写浪漫。

208

RHODIA

橘色的法式浪漫

橘色外皮是RHODIA的正字标记，它的诞生是为了提供更优质的笔记本，让人们书写笔记时更方便流畅。

RHODIA笔记本1920年由Henri Verilhac于法国里昂创立，而后其弟Robert Verilhac亦加入共同经营，笔记本封面的两棵松科常绿树就是代表着发源此品牌的两兄弟。他们的公司名为Papeteries Verilhac Freres，笔记本原先是RHODIA的副线，受到大众欢迎之后逐渐变成主

要产品，其诞生是为了提供更优质的笔记本，让人们书写时更方便流畅，采用最优质的淡黄色纸张。以及优质的用料和装订技术，而经典的便是恰到好处的向后折迭设计，即使经过时代的演变，RHODIA仍然是优质笔记本的象征。RHODIA有多种款式，皮革封面的笔记本

也受到许多设计师及作家青睐，亦与时尚品牌做跨界设计，比如RHODIA x Paul Smith系列，是与英国时装设计师Paul Smith合作推出的，在每本的封面下方都加上了为人所熟知的七彩条纹及Paul Smith的签名，仅于Paul Smith专门店及固定文具店贩卖。

摄影：Anew-Chen

关键1 MOLESKINE 笔记本很多细节都要求细致的手工。2013 年 MOLESKINE 在全球共卖出接近一千万本笔记本。每本均有一个认证号码，以供追踪其生产过程，可以追查任何质量问题

关键2 MOLESKINE 笔记本的种类繁多，将近百种可供选择，提供全方位生活机能的运用，让笔记本成为生活中最佳的规划与帮助者，其中以城市笔记本最受欢迎。值得一提的是 MyMoleskine（网上交流天地），开放给所有社群及人士。你可以与由 MOLESKINE 笔记本迷所组成的社群联系，与全球各地的同好结为好友，在 MSK 模式下，可以创作出别具特色的个人页面，并将它转化成为笔记本的内页。

MOLESKINE®
Legendary notebooks

Squared Notebook
Carnet quadrillé

209

MOLESKINE
传承自 19 世纪的传奇笔记本

MOLESKINE（发音为mol-a-skeen'-a），源于法文鼹鼠皮的意思，
它在19世纪末至20世纪初已经成为欧洲艺术家和知识分子手中的传奇笔记本。

MOLESKINE笔记本是两个世纪以来梵高、毕加索、海明威、查特文等艺术家及作家手中的传奇笔记本。简洁的圆角长方形黑色封面、可伸展的内袋，是这本无名而完美笔记本的特色。它是由法国一间小型装订商生产，并供应巴黎的文具店逾一个世纪，于20世纪80年代中期，此笔记本变得愈来愈稀有，

随后更完全停产。1997年，米兰一间小型出版商让它获得重生，并以"MOLESKINE"这个富传奇色彩的名字延续非凡传说。沿着查特文的足迹，MOLESKINE笔记本继续其旅程，为现今新颖随身的科技提供不可缺少的补足。时至今日，MOLESKINE成为文化、创作、回忆、旅游及独特个性的同义词，横

跨现实和虚拟世界，以笔记本、日志和创新的城市笔记本等多种不同用途，代表一种国际性的现代游牧概念，令手录笔记及手绘草图等典型传统行为，意想不到地在网络及网上社群中发展出一个崭新的交流平台。

摄影：Anewe

图片提供○辉柏

210. MOLESKINE The Simpson 笔记本

美国经典卡通——辛普森家庭 25 周年之际，MOLESKINE 推出限量版辛普森家庭笔记本，经典的黑色皮革封面压上逗趣图样，并随笔记本附上辛普森贴纸，让质朴的笔记本也能同时兼具质感与幽默诙谐。

图片提供○辉柏

图片提供○辉柏

211. MOLESKINE X Lego 笔记本

广受大人小孩喜爱的 Lego 与 MOLESKINE，联名推出三款封面分别嵌有红、黄、蓝色乐高积木的笔记本。采用便于书写的无酸纸为内页，并附有乐高人与积木的造型贴纸。

212. MOLESKINE X Disney 笔记本

俏皮的 Disney 联名系列，用经典黑色硬壳，让 MOLESKINE 低调得很可爱。

LIFE
数十年如一日的书写生活

墨黑色的图腾，清楚标上页数、产地和尺寸，
历经百次翻阅也不易松散的装订，
无论设计或装帧都无可挑剔的一本笔记本。

成立于1946年东京，是一家致力于优越纸质以及手工装订的纸品公司，LIFE笔记本的颜色偏黄，最早是制造专门以钢笔书写为主的纸张，因此较之一般纸质更为细致滑顺，不易使钢笔笔尖受伤或卡纸屑，也不那样白色纸张刺眼，奶油色的纸张长时间使用下来经过60多年不断地精进改良，且维持手工装订的质量，LIFE笔记本依然深受大众喜爱，陪伴着人们数十年如一日的书写生活。

213. LIFE Noble note 经典笔记本
LIFE 笔记本的经典款式，由位于东京近郊的专业职人团队手工打造，以谨慎的手工黏和方式装帧，内页选用滑顺质柔奶油色而不易卡纸屑的纸张，适合钢笔书写，多达一百页带来的厚实感也是 Noble 系列的特色之一，而封面的品牌 Logo 为二次迭印烫金，需要精准的工法完成，加上细腻的花纹。

摄影 ○ Anew-Chen

213

图片提供 ○ 直物

214

214. LIFE 朱线随身笔记本
此款笔记本如其名，以朱色（Vermilion）线条作为网格线，并采多种书写工具皆适用的奶油色特抄纸作为内页，价格亲民。方便一手掌握的尺寸设计，让使用者可以轻易放入口袋，将笔记本带着走。

圖片提供 ○ 直物

215

215. LIFE 上翻式线圈笔记本
不同于侧翻笔记本，上翻式笔记本可以让书写者在使用时不受突起的装订处干扰；而线圈的装订设计则可以让笔记本完全平整地摊放。封面是 LIFE 一贯的简约风格，简单的英文字样配上书写网格线，方便编码分类，内页同样使用 LIFE 颇受好评的经典特抄纸。

摄影○白仪芳

216. MIDORI TRAVELER'S notebook 旅人笔记本

泰国清迈手工制作，封面是来自泰国并以最少化学药剂处理的皮革制成，随使用程度的累积，会增加皮革的柔软度与质感；内页同样采用不易晕染与渗透的 MD Paper，可替换、可补充的设计让使用者可以重复使用外部套套，并依需求扩充各式内页与收纳功能，是一款具高度发挥空间，适合旅人作为日常记实与旅行记录的多功能笔记本。

MIDORI
日本文具大牌感

日本境内无人不知的大型文具品牌MIDORI，
即使在国外也广受大众喜爱。

创立于1950年的MIDORI（念作mi-do-li），以生产各类用途的纸制品为主，无论是信纸、贺卡、笔记本等常备纸品，或如色纸、贴纸等多种外围文具小物，MIDORI皆在美学与功能性兼具的考虑下，设计出实用性高也具有美感的产品。其中又以成熟、有质感的皮革系列笔记本与趣味漫画的欧吉桑系列商品最为畅销，显示MIDORI在产品设计上向来具有原创性且风格多元的特色。除此之外，注重设计与质感的MIDORI也十分强调素材的应用，因此深受多数文具迷喜爱，在今日已被公认为日本最顶级的生活文具品牌之一。

图片提供○礼拜文房具

217. MIDORI Meister 上质系列——Grain 皮革 Memo

以 "Meister" 为名的上质系列，有 "由大师级工匠打造" 的意思，是由 MIDORI 将日本制的高级纸品与世界各地工艺技术相结合的高质量笔记本。其中名为 Grain 的皮革笔记本，把 MIDORI 最高级的 MD Paper 与来自西班牙的再生皮革搭配，再以铜色线圈装订，提供平整且高质感的书写环境。内页同时有横线（白色）与空白（奶油色）两种规格。

218 218. MUCU LEATHER RINGNOTE SCHEDULE
新的一年，我们都需要一本笔记本，有条理地规划生活与工作，这本可换以牛皮革为面，内页采用再生纸有浓趣／品味与环保。MUCU

摄影 © Johnny Ka

MUCU
原色原样之美好

MUCU的文房具向来不以华丽的外表取胜，
而以最简单的单色设计呈现材质本身朴实而美好的模样。

MUCU（无垢），在日文里意味着纯净、无瑕的样子。有别于常见的大型文具品牌，MUCU这家位于东京的小型企业，特别注重产品的材质选用，以出产少量但独特的文房具取代量化生产，并擅于挑战以特殊的生产技术开发不同于市面上的产品。在笔记本的材质选取上，以轻量纸质为首要考虑，如坚韧耐用但重量极轻的再生纸质，便是MUCU爱用的纸品之一。

既取名为MUCU，不难想象其商品样貌通常不经过多余修饰，而以素材原始的质地呈现。举凡单一色调的厚纸／皮革封面上，简单的Logo钢印、手工盖上的型号与编码图章等，其设计的多款笔记本中，总不见华美的外型，却能让人在细微之处发现品牌的细腻与用心，也完全显现日本人简约朴实的风格喜好与谦虚的生活态度。

219 219. MUCU 笔记本
日本漫画书通常页数多且厚，实际重量却很轻，《MUCU 笔记本系列》便是以漫画书为发想，采用一种叫作"ザラ八裁日本纸（或作稻草八裁日本纸）"的轻型再生纸张作为内页，书脊上的帆布皆有该产品的型号与规格印记。

图片提供 © 礼拜文房具

220 220. MUCU Ring Note Pasco 笔记本
采双线圈方式装订，翻阅容易。选用具有浓烈怀旧感的再生纸质作为内页，封面则是由"PASCO"工业用特殊硬卡纸组成，质料独特且坚硬，可承托笔记本并直接书写。

图片提供 © 礼拜文房具

月光庄素描本
高质量绘画用品

月光庄是日本最早的西洋画材商，
也是日本第一间推出自制油画颜料的公司。

由桥本兵藏于1917年创立、位于东京银座的月光庄，除了贩卖专业油画颜料外，也推出自家品牌的特制画具、杂货与笔记本。其号角图案的Logo有"呼朋引伴"的意思，除了是众所皆知的标识，如今也确实成为多数艺术家与素人画家爱用的品牌之一。

月光庄的素描本系列，有多种尺寸大小，内页纸张也针对不同用途有各种厚度，原来是专为画家设计的素描用笔记本，虽然纸质轻透却不易渗墨，也适合作为一般笔记本使用，另外也有适合水彩画的厚纸款式，并搭配彩色、空白、原点等样式的内页，用途广泛而不受限。

221

摄影 白仪芳

NOTE BOOK

燕子（Tsubame）
学院派经典设计

古典纹饰搭配简约设计，
复古的燕子笔记本，
创业70年来依然深受欢迎。

被誉为"日本经典设计的商品"及"最好写的钢笔本"。封面设计从昭和22年（1947年）开始，至今从没变更，维持着日本传统大学笔记本的设计。封面旁有着烫金燕子商标纯手工装订制作，不同于大量机器生产，不易散落掉页的无酸纸，可以保存一万年，经历将近70年的岁月，是最能代表日本经典设计的商品之一。后也推出与日本野鸟协会推出的特别限定版赏鸟记事本，以及东京晴空塔官方合作限定版本。

摄影◎白仪芳

222. 燕子特抄纸大学笔记本
直接以"大学"二字命名的笔记本，据说早期在东京帝国大学外的文具店贩卖时，便因其高质量与价位而被戏称为帝大生才能使用的笔记本。多达五十枚的内页，足以应付学生的大量笔记需求，并且选用燕子牌中性特抄纸（Foolscap）为内页，此种纸质因制造过程降低荧光剂用量，而能减少视觉疲劳的现象。

222

ツバメ中性紙フールス

223. FIELD NOTES 笔记本
小巧的 FIELD NOTES 笔记本，9x14cm 大小的牛皮色是最为人所知的款式。

图片提供○直物

224. FIELD NOTES 樱桃木特别版笔记本
FIELD NOTES 曾在 2013 年推出夏季星空限定版，当时在预购期间便引起抢购热潮；2014 年春天更发布令人惊艳的"Shelterwood"限定款。此版本以牛皮纸作为基底，再通过专业技术将樱桃木制成细薄薄片粘贴于表面，成为史无前例的笔记本设计，也因为封面由木头直接制作而成，每一本都具有独一无二的木质纹理。值得一提的是，之所以命名为 Shelterwood（庇护），就是因为此系列木制薄片皆是以保护生态的伞伐（Shelterwood Cutting）作为林木的砍伐方式，除了能确保幼木获得母树保护、持续生长外，也能使林地免于一时裸露而遭破坏。

FIELD NOTES
农夫口袋里的必备宝典

FIELD NOTES的笔记本因小巧的尺寸设计，
早期被农夫广泛使用于农场记事而得其名。

农场为名的美国品牌 FIELD NOTES，其出产的笔记本一律在美国生产，以9cm×14cm的大小作为经典尺寸，原来是专为农人设计，可以直接放进口袋随身携带的小型笔记本，方便农夫随时写下农作物的生长记录，同时也是农人在出外买卖议价时的最佳记事良伴。

今日，在不变的尺寸中，FIELD NOTES每年皆季节性地，依各种用途与场合推出不同内页规格与封面样式的笔记本，截至2014年秋天，已推出24款样式。使用者可依不同需求同时拥有多本笔记本，无论何时何地都能轻松记事，即使一次携带多本也不会产生累赘感。除了迷你尺寸的品牌特色，其产品也沿袭过去的实用性质，皆在封底印有标尺刻度，而随着品牌风格的树立，FIELD NOTES也日渐成为时尚界人士爱用的笔记本品牌之一。

225. AGUA There is baby 手记本
由水越与台湾诗人叶觅觅联合创作的系列记事本，引用诗人的英语诗作与设计师的缪思相结合，并截取诗词内容作为主题设计与命名。此系列选用英国 120g 松厚纸作为内页，手感厚实但同时也兼具轻量特色，并采缝线装帧，可以 360 度翻开，书写更容易。而内页规格则有多种不同设计，适用物品涵盖编剧、哲学家、画家等创作者，一般书写者亦可在不受拘限的状态下激发灵感。

图片提供◎ AGUA Design

水越设计
台式创意，法式简洁

以台湾的创意思维，设计出法式品味的笔记本。

由台湾设计师创立的品牌水越设计，1994年成立于巴黎，与许多国际商业体合作后，1996年正式扎根台湾并成立水越设计（AGUA design）。近二十年的品牌历史中，除了自家产品设计之外，也与精品、科技、文化等产业跨界合作，重新思考品牌的核心价值，更

于2006年开始着手进行"都市酵母"的长期计划，希望借由创意设计将城市包装成更好的居住空间，增进居住者的生活质感。

因着水越的长期耕耘，目前已发展出相当多元且具规模的经营模式，其中又以文具用品的设计最具盛名。在其开发书写笔记本的过程

中，除了讲求美感，也十分注重质感与功能性，因此在纸质的选取上总是在国内外的多种纸品中，严选出最符合设计概念的纸种，并且通过各种不同的特殊功能，让笔记本不只是书写的载体，也是最符合个人使用习性的风格小物。

图片提供◎ AGUA Design

226. AGUA F 系列生活手札
水越 A – Z 笔记本中的 F 系列意指 File book，于封面设有分类撕裂栏，由内向外推即成为可注明手札年代与内容的标签，方便用户在众多笔记本中搜寻与归档。此系列针对不同主题有多款样式与尺寸，其中生活、旅行家系列将尺寸设定为护照大小，以手绘及蓝色冲压的方式描绘出食玩生活家、背包旅行家等主题，适合各种形式的书写。

图片提供◎ AGUA Design

227. AGUA Q 本系列笔记本
全系列为可一手掌握的尺寸设计，以黑色外皮搭配多色的内页，采用日本纪州进口纸品，有着滑顺易于书写的特性，亦可轻松撕下作为备忘便条纸。

图片提供◎ AGUA Design

228. AGUA Poetic 诗本系列笔记本
Mysterious Stranger 是 Poetic 口袋诗本系列中的其中一款，以手绘方式画出"S君的怪异鞋子"，营造出神秘氛围。此系列同样以可360 度翻折的线装订，并选用轻质量的英国书写纸，页数多达 144 页却只有 1cm 厚度，且因不经过化学漂白，随着使用时间的增加，纸张色泽也会加深，留下温润的手感痕迹。

229. amatruda 花草系列记事本
封面为每本皆不尽相同的天然花
草压花，以象牙色的天然棉纸作
为内页，并采用便于翻阅的手工
皮绳装帧。

摄影○白仪芳

amatruda
古老手造纸传奇

amatruda是欧洲最古老的造纸坊，
高质量的手造纸直至今日仍是梵蒂冈官方的指定用纸。

amatruda来自具有深厚历史渊源的意大利Amalfi（阿马尔菲）地区，位于意大利西南区地中海边的Amalfi过去因为地缘关系，与邻近的各大港口皆有频繁的贸易往来，进行谷物、木材、棉布与丝绸等买卖活动，也因此Amalfi人成为欧洲最早开发与学习造纸技术的民族。此地区的最盛时期有多达十六座由家族经营的造纸坊，但在经历一连串地方政权更迭与政策改变的冲击后，Amalfi的造纸业日渐式微，唯独amatruda家族不放弃古老造纸传统，持续以棉花与纤维素（Cellulose）手工制造不裁边的高质量棉纸，而得以承袭至今且声名远播。

早从十三世纪中叶便广受欧洲皇室与私人爱用的amatruda，使用不漂白、不添加化学药剂的天然原料制纸，无酸无毒的手工纸张有着棉纸特有的自然纹理，也将天然素材的原始手感保留下来，并发展出笔记本与印刷、艺术用纸等不同用途的产品。

Manufactus
代代传承的手工笔记本

Manufactus看似品牌之成立时间不长,
其实已有百年的手工笔记本之制造专业与历史。

意大利品牌Manufactus最早发迹于罗马的一间古老
文具行,由Luca Natalizia一手创立,从事手工笔记
本的专业制作,近几年始由家族事业发展为具规模
的文具品牌,并且在巴黎、纽约等国际展览中皆能
看见Manufactus的产品。

230. Manufactus Medioevo 手工笔记本
Manufactus 在笔记本制作流程中,皆由自家工作坊的专业师傅以上等小牛皮制作,
并经由手工草本染色而成,因此其笔记本的皮革色泽皆不相同。其中 Medioevo 系列
以柔软皮革作为外皮,于侧边书脊可看出采用特殊的手工缝线装帧,内页则是在意大
利 Amalfi 遵循古法制成的毛边棉纸,因具高质量与设计美感,自欧洲中古时期便广为
皇室贵族、宗教人士与各方知识分子所用。

230

摄影◎白仪芳

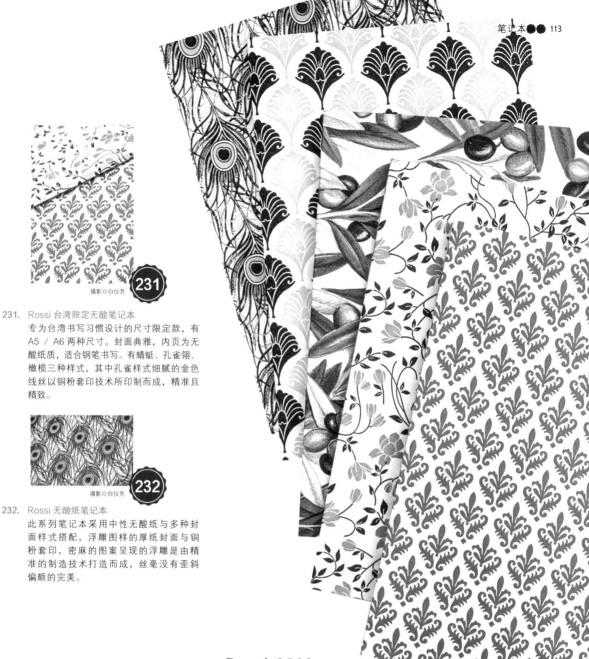

摄影○白仪芳

231

231. Rossi 台湾限定无酸笔记本
专为台湾书写习惯设计的尺寸限定款，有
A5 / A6 两种尺寸。封面典雅，内页为无
酸纸质，适合钢笔书写。有蜻蜓、孔雀翎、
橄榄三种样式，其中孔雀样式细腻的金色
线丝以铜粉套印技术所印制而成，精准且
精致。

摄影○白仪芳

232

232. Rossi 无酸纸笔记本
此系列笔记本采用中性无酸纸与多种封
面样式搭配，浮雕图样的厚纸封面与铜
粉套印，密麻的图案呈现的浮雕是由精
准的制造技术打造而成，丝毫没有歪斜
偏颇的完美。

Rossi 1931
当完美印刷遇上日常笔记本

来自佛罗伦萨的Rossi 1931，在文艺复兴古都的熏陶之下，
以先进的印刷科技制作出美感十足的手札。

摄影○白仪芳

意大利佛罗伦萨是十四世纪欧洲文艺复兴运动的起源地，这个向来被看做是艺术与建筑重镇的城市，在1931年诞生了一个由Antonio Rossi创立、名为Rossi的品牌。承袭地缘上素有的艺术文化传统，Rossi最初以出产具古佛罗伦萨传统艺术的纸品为主，并深受英、美国人喜爱；而后在其稳固的艺术根基上，逐渐改良与开发现代印刷技术，生产多样化的文化工艺用纸品。经过多年生产技术与设计的研发改良，Rossi的纸制品不断推陈出新，但不变的是始终坚持100％在意大利设计与生产，且视提供高质量纸品为唯一，也因而受到全球各地使用者之爱戴。目前主要产品为结合现代设计与印刷科技的各式系列笔记本、贺卡、包装用纸与手工纸等。

摄影◎白仪芳

LiberArte
意式古籍装帧艺术之再现

将意大利古老书籍的装帧技术运用在笔记本的制作之上，
是LiberArte笔记本最经典的特色之一。

LiberArte是一间靠近意大利阿马尔菲地区的古籍修复工作室，同时也出产纯手工皮革笔记本，由其推出的产品无不充斥浓厚的浪漫义式情怀。LiberArte生产的笔记本，封面皮革皆由经过天然植揉与手工染色的山羊皮或小牛皮制作而成，保留

皮革原有的纹路与柔软触感，内页则仅采用Fabriano与amatruda此二品牌的高质量纸张（二种纸张皆由天然纤维素制成，材质柔软且无酸无毒，唯前者具有自然斑点，而后者则是不裁边之纸张），最后再以古籍的传统技术装帧。从皮革的缝

纫、纸质的选取到古老装帧技艺，LiberArte以近乎对待一件艺术品的方式手工完成，经过一道道繁复的制作过程，才成为我们所看到坚韧而耐用的LiberArte笔记本。

摄影◎白仪芳 **233**

摄影◎白仪芳 **234**

摄影◎白仪芳 **235**

233. LiberArte 全皮封面笔记本
此系列内页全采用 Fabriano 纸厂的"Grifo"无酸横纹纸，100% 天然纤维素纸浆制成，适合长期保存，封面为经过压花处理的天然植鞣小牛皮。

234. LiberArte 纯皮加古典印刷笔记本
多种古典印刷封面搭配天然小牛皮包角，内页同样选用 Fabriano 的最高级纸品"Grifo"无酸纸。

235. LiberArte Amalfi 手工纸笔记本
内页采用意大利古老制纸坊 Amalfi 的高质量棉纸，每张纸皆依据传统古法手工制作，100% 纯棉纤维纸浆制成，纸缘有自然毛边，保留 Amalfi 纸品的不裁边特色。

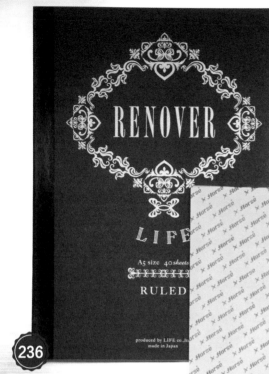

魔幻笔记时光

236. LIFE RENOVER 笔记本
深紫色的封面烫上华丽经典菱型花纹，RENOVER
则为法文修复之意，侧边黑色手工装帧让整体看起
来低调贵气。

237. OGAMI 石头纸笔记本（硬壳系列）
环保的石头纸搭配精致的封面，是烫银字的利落
风格。

238. Penco Academica 复古学院笔记本
戴帽绅士企鹅在封面中心，日本设计万年不败笔记
本，采用易于使用的双圈固定，每页都有小企鹅在
页面下方。

239. HORSE Writing Pad 笔记本
黄加黑的配色和内页米黄，古早味十足。

240. FASHIONARY 时装笔记本
内页提供设计师巨细靡遗的参考线和数据，包括 model 人
形、各式服装样貌以及 1300 个时装品牌介绍，封面炫彩
的银色随光线反射出如彩虹般色彩。

摄影◎陈威文

堆叠成套的满足

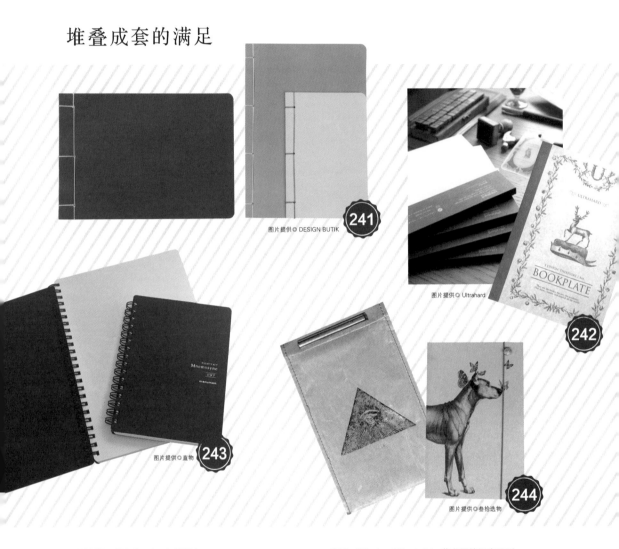

图片提供◎ DESIGN BUTIK

图片提供◎ Ultrahard

图片提供◎直物

图片提供◎叁拾选物

241. HAY Bookbinders book 笔记本

以传统线装方式装帧的羽量型笔记本，搭配柔和、清新的纯色封面，并有直／横二种格式，可因应记事与绘画等各种需求。

243. maruman Mnemosyne 每日计划本

Mnemosyne 是由东京笔记本制造商 maruman 所推出的系列笔记本，原意为古希腊的记忆女神，由此衍生出简约时尚的设计风格，同时也兼具其机能性。其中每日计划本封面便以黑色塑料制成，并有简单的品牌烫金，再通过双线圈的方式装帧，提高笔记本的耐用度。内页则是条列式的特殊格纹设计，方便用户记录待办事项，也可以标记顺序与进度，适用于业务繁忙的工作者，能进行有效率的时间管理。此外，内页皆有裁切线设计，使用者可以轻松撕下待办纸条黏贴于办公或居家场所，随时追踪工作进度。

242. Ultrahard Bookplate 藏书票笔记本系列

藏书票是一种作为标记书本所有者的小型版画，过去欧洲贵族为避免珍贵书籍遭窃取而印制有家族族徽与 "Bookplate" 等字样的版画，并贴在书本封面或内部，也有炫耀显赫地位的意味，后来人们也制作藏书票作为个人藏书的标志。此款由台湾 Ultrahard 推出的笔记本，即以欧式藏书票的概念作为设计，并采胶装作为装帧方式，可以平整摊放于桌面。

244. Handhandhand 动物解剖透视笔记本

由台湾独立品牌 Handhandhand 所设计，封面以透视的概念呈现动物骨骼构造，银色的骨骼在光影变换之中表现出隐晦而细腻的透视感，而侧边附上的老式装订环则为整体视觉增添复古调性。内页上下纸缘因装订而产生特殊断面，并采具有独特手感的双面厚纸，亮／雾面纸质的交错安排为书写者带来新鲜的书写体验。除了笔记簿本体外，也十分讲究地以烫有品牌 Logo 的油纸作为外部包装，再加以手工双边车线，并以老式穿孔夹封存，制作出古董般的笔记本组合。

245. Word. 随身笔记

来自美国的 Word. Notebooks，一律将笔记本设计成方便携带的口袋尺寸，为了让用户能够快速查看待办事项，将内页设计成条列格式，并在封面内侧印有清楚的标记指示，用户可以依照事件的重要性与完成度标记不同符号。多种款式中，迷彩款以几何形状拼凑出率性风格，而扶桑花款则在百花中偶有一骷颅头现身，趣味与设计感十足。

246. Ultrahard Travel 旅行口袋记事本

主打旅用的笔记本，封面设计为复古的运输工具图样，将尺寸设定为轻巧的护照大小，并采好翻阅而不易脱页的胶装设计，让旅人在移动过程中可以随时记录沿途景象，并且收纳容易。

247. KOKUYO 工作笔记本

内部规划成左右两边皆可放置笔记本的设计，让用户只需携带一册笔记本便能同时拥有两种不同用途的笔记功能，使用完毕可以更换不同功能的内页，便能重复使用外部封套。封套为简单的双色帆布构成，前后的口袋型设计具有收纳功能，封面内侧亦有隔间可放置名片与纸条，极具收纳与实用性。

248. 文学堂笔记本

"和缀本"是日本对采用某种特殊装帧技术的书籍或笔记本的统称。创立于京都的文具品牌文学堂，目前便以"和缀本"为品牌的主打商品，每一本笔记本皆以手工方式完成，并以日本三大文学家——太宰治、宫泽贤治、夏目漱石之经典名著作为封面主题，设计出多达 43 款的笔记本。翻开笔记本的第一页甚至可以看见每本书的名句，在作家们的加持下，笔记本似乎也多了一分文学之气。

随身携带或最常使用的书笔记本？

筱琪：我会有一本一直在使用的行事历，而会开始大量使用笔记本，其实是有一天想要粉刷自己房间的时候，整理下来发现，哇，原来我有这么多笔记本，这些笔记本都不被使用只是放在那里作为收藏，事实上已经失去了它最初的实用价值了，因此往后在工作时，因应工作，一个项目使用一个笔记本，让他们做出最灵活的运用。格式的话，最常使用的则是方格的笔记本，有书写的依据在又不至像横线有一种必须依循的感觉。

笔记本对你的意义？

筱琪：笔记本对我来说是一种纪录和整理，记录生活、工作，也能够清楚明了的分享自己的想法。长年使用笔记本下来，会发现一个很有趣的现象，我发现笔记本其实是各种文具的承载，它记录下你每一个时期所习惯、喜欢用的文具，包括各种笔写下的样貌或者在使用剪刀、胶带所留下的痕迹，这些在一段时间回过头来看都是很耐人寻味的。

选择笔记本的重点？

筱琪：其实首先就是纸张的滑顺度，写起来舒不舒适，再来是功能性或者风格特色，这部分大致上又分为两大类，一般设计公司、时尚品牌他们会比较重视风格、设计，像

热情于承载，层层叠叠都是生活

笔记本藏家——诚品文具采购杨筱琪

因为喜欢文具而工作，因为工作而热爱尝试，通过手指与纸张的接触，长年累积的精准手感，滑不滑顺、磅数厚薄，所有细微差异就一本独特，而铺成满桌的笔记本，筱琪说只要放在身边就很安心。

文、摄影_邱子秦

是内页缝线的色彩搭配、装帧材质的特殊性；日本欧美的老牌子则会比较重视纸质、装订，它们会去研发纸张磅数、颜色调配，举一个例子来说，日本满寿屋的稿纸，过去是专门给作家订做稿纸，例如川端康成订作的稿纸，他就会在稿纸下方写上川端康成，格式依他的习惯而定，纸是奶油色的，主张视觉的舒适度不会反光，更特别的是它强调作家的思绪不能被中断。

有没有一些绝版收藏、古董的笔记本？相关的收藏故事？

筱琪：第一次看到日本D-BROS笔记本的时候，大约是10年前，我还在店面工作，那时候主要的工作是将产品陈列向顾客表达特色、分享，发现原来设计可以这么活泼的表现在笔记本上面，让我觉得笔记本除了好不好写，也有另一面很多元值得玩味的部分，也引发我之后作为采购的契机，想到源头去了解去开发更多有趣的笔记本。

杨筱琪
目前担任诚品商品处的采购副理，从前台到后勤采购工作一共 17 年，因为工作常需要在世界各地找寻适合大家的笔记本，回朔源头询问笔记本的名称、故事，热情洋溢的对待每一本笔记本，无论设计、材质都是研究的重点。

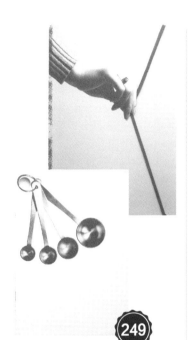

筱琪的经典文具 5+

252. maruman Mnemosyne 笔记本
这款笔记本是筱琪最常用的，笔记本名原意为古希腊的记忆女神，由此衍生出简约时尚的设计风格，拥有很高的使用自由度，直式、横式都可用，方便用户记录待办事项，也可以标记顺序与进度，适用于业务繁忙的工作者，能进行有效率的时间管理。

249. D-BROS 笔记本
日本品牌 D-BROS，是由设计公司出品的设计笔记本，擅于玩创意，让平面的笔记本也能跳脱常规与 3D 的空间作结合。

251. KOKUYO 纪念款笔记本
为纪念成立百年的日本品牌 KOKUYO，因为它最早出身是作账本，这本复刻很多账本的细节和形式，像是因为账本需要久放，防止纸变黄让数据消失，纸张吸水让文字不晕开，最特别的是，横斜线的边缘印刷除了美观之外，还有防撕功能，若撕下则会让纹路中断不密合，也回归到账本不能作假的概念。

253. CARNET PARISIEN 笔记本
香奈儿第一位签下的模特伊内丝的时尚品牌笔记本，虽然不是专门做文具的品牌，但因为是时尚品牌，因此在做装帧、配色等细节都会因应当季图腾作变化。另外在笔记本的封底上诸多欧美品牌都会有一个小口袋，因为他们觉得笔记本是跟生活很贴近的，可以装进票根、小照片等等小东西。

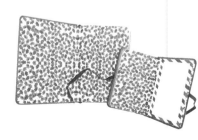

250. Kate spade
Spiral Notebook-Emma
美国时尚品牌 Kate spade 在 2013 年开始出文具产品，此款为作家系列之一的 Emma 笔记本，内页也运用了品牌的经典条纹作搭配。

LETTER
信 笺 专 用

鱼雁之妙趣
信封信纸

挑选一支最合乎彼此性格的信笺，向爱人、友人、亲人传递思念。

在电子邮件尚未普及以前，人们除了面谈或电话商讨外，最常使用的沟通方式便是通过书信的往来与亲朋好友传递思念与祝福，甚或与公家机关洽谈议事。直至今日，虽然实体书信在许多时候已被电子邮件、通讯软件所取代，却仍在人与人、人与团体单位、团体与团体间，扮演十分重要的互动媒介。

比起生硬一致的计算机字体，通过亲笔书写的行为更能够如实传递私人意念与情感，在信件送达以前内心那分焦急，以及收取信件时油然升起的暖意，都是十分值得玩味的微妙感受，也是科技再如何进步也难以取代的。因为信件之存在是如此重要，在信笺的选择上当然也大有学问。

信封
有直式与横式信封之分，通常会与内部信纸之样式相呼应。坚固的信封纸质较能避免寄送过程遭受外力破坏。

信纸
亦有直、横二式，纸材的选用与样式设计为其关键，较好的纸质除了易于书写外，收信人也能感受到良好的触感，且能够长久保存。而样式设计上也需合乎各种寄、收信人的性格与偏好，朴素的信纸较能让人聚焦于信件内容，而不会造成喧宾夺主的现象。

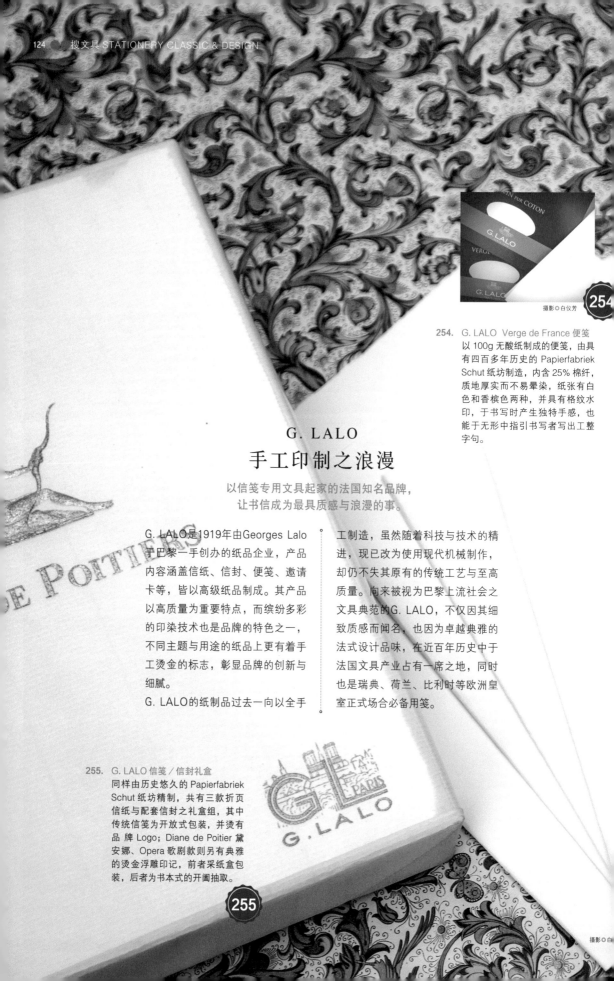

254. G. LALO　Verge de France 便笺
以 100g 无酸纸制成的便笺，由具有四百多年历史的 Papierfabriek Schut 纸坊制造，内含 25% 棉纤，质地厚实而不易晕染，纸张有白色和香槟色两种，并具有格纹水印，于书写时产生独特手感，也能于无形中指引书写者写出工整字句。

攝影◎白仪芳　**254**

G. LALO
手工印制之浪漫

以信笺专用文具起家的法国知名品牌，
让书信成为最具质感与浪漫的事。

G. LALO是1919年由Georges Lalo 手巴黎一手创办的纸品企业，产品内容涵盖信纸、信封、便笺、邀请卡等，皆以高级纸品制成。其产品以高质量为重要特点，而缤纷多彩的印染技术也是品牌的特色之一，不同主题与用途的纸品上更有着手工烫金的标志，彰显品牌的创新与细腻。

G. LALO的纸制品过去一向以全手工制造，虽然随着科技与技术的精进，现已改为使用现代机械制作，却仍不失其原有的传统工艺与至高质量。向来被视为巴黎上流社会之文具典范的G. LALO，不仅因其细致质感而闻名，也因为卓越典雅的法式设计品味，在近百年历史中于法国文具产业占有一席之地，同时也是瑞典、荷兰、比利时等欧洲皇室正式场合必备用笺。

255. G. LALO 信笺／信封礼盒
同样由历史悠久的 Papierfabriek Schut 纸坊精制，共有三款折页信纸与配套信封之礼盒组，其中传统信笺为开放式包装，并烫有品 牌 Logo；Diane de Poitier 黛安娜、Opera 歌剧款则另有典雅的烫金浮雕印记，前者采纸盒包装，后者为书本式的开阖抽取。

255

攝影◎白

历史感的经典不败

摄影◎ Johnny Ka

256. 满寿屋原稿用纸图／满寿屋原稿用纸 memo 纸

　　1882 年成立，拥有 134 年历史的满寿屋以造原稿纸最著名，川端康成、三岛由纪夫、司马辽太郎等文豪都爱用。到现在都有订造原稿纸的服务，从纸质、格式、大小都可以选择，并有代印名字的服务。此款信纸由稿纸演变而来，相当适合文字书写。

图片提供◎ Cherry Books & Living

摄影◎白仪芳

257. 水缟 × 燕子牌信纸

　　超过六十年历史的燕子牌笔记本与质感文具杂货品牌水缟合作，设计出以燕子牌的经典边框装饰作为封面与内页样式的纸，封面选用具有厚实感的纸品，并以书写滑顺的纸质作为内页，特别的是将封面内侧设计成活泼鲜明的柠檬黄，增添轻盈明亮的形象。

258. amatruda 信纸

　　分量十足的意大利手工纸，纸张具有自然的纹理与丝绒般的触感，无酸纸张可永久保存，是教廷官方用纸，盖有封蜡章，象征信笺传递的亘古流传。

散发古典韵味的蘸水笔
蘸水笔

回朔古欧洲的浪漫书写，用手腕柔软的与笔尖共舞。

蘸水笔又称沾水笔，是用笔尖沾上墨水然后书写或绘画，可画出且具变化的线条，因材质又可分成玻璃笔蘸水笔与一般蘸水笔等，原理都是以毛细管作用为原理，将墨水贮存于笔头上数个沟槽，这些沟槽同时也能将墨水引导到笔尖，而形成特殊供墨装置。

蘸水笔书写时出墨量和笔迹线条粗细，是由笔头上贮墨沟槽的深度、宽窄与书写角度所决定，因此有不同的笔头设计，材质也有玻璃、金属等材质，笔头的贮墨槽即为以直纹、螺旋纹为主的沟槽，其纹路的变化也兼具了视觉上的美感，并散发古典的韵味。

很多人会担心写字的时候把笔尖压断与保养问题，因应蘸水笔的简单构造与书写压力，这其实是不用担心的，只要慎选适合的墨水，并将使用完的蘸水笔把笔尖放到水中让墨稀释，然后加以擦干、干燥，避免墨水结块影响蓄墨量不足即可。

关键1

笔杆
一支好的蘸水笔必须要能配合使用者的书写习惯，水笔的材质与造型选择较多，因此要注意笔杆配重好能试拿、沾清水写一百个字，以此习惯蘸水笔的平衡感。

关键2

墨水

蘸水笔有配合使用的专用墨水，分成不防水的制图墨水与耐水性的墨水，前者颜色黑且便宜，后者虽防水但较稀，价格也比制图墨水高贵。墨水另外的选择是可以在文具店买到漫画用的墨水搭配使用，若蘸水笔笔尖比较细、毛细槽贮墨稳定，也可以搭配钢笔墨水使用。

关键3

笔尖

蘸水笔的笔尖包括了很多种，以软硬、线条来分，可分为 G、D、圆、学生、书写笔尖等，其中 G 笔尖又分为软 G 和硬 G，常常用来绘制主线，D 笔尖又称为匙笔尖，可以用来画效果线，适合笔压大的人，其他笔尖也各自有用途，最常见的是书写笔尖，以不锈钢材质为主，另一头是塑料，不用时可以反过来将笔尖插入笔杆而便于收藏和携带。

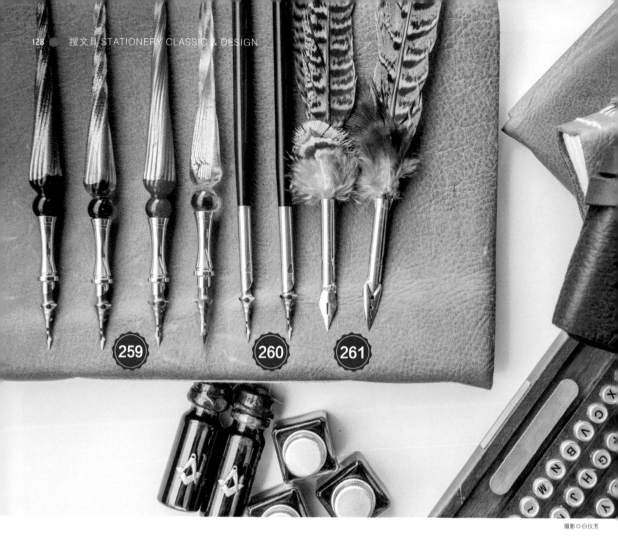

摄影◎白仪芳

RUBINATO
浓烈色彩性格的古老文房具

大胆玩色的RUBINATO，
让欧洲古老工艺增添了不同于以往的特殊气息。

1950年代，Francesco Rubinato的父亲在Treviso（意大利北部）中心开了一家文具店，主要供应文具用品给邻近的学校和公司。他们不只是贩卖一般的文具，也贩卖像是墨水蘸水笔以及其他个性化商品，

并融入了他们艺术创作的热情。到了1980年代，Francesco Rubinato决定和他的伙伴Patrizia Rizzat成立Francesco Rubinato s.r.l.。RUBINATO的产品以多色多样极富创造性的样貌发展欧洲古老文房

具，诸如威尼斯玻璃笔，以文学家、音乐家、艺术家为主题，而华丽的羽毛笔结合独特金属雕饰，或者金属雾面的高彩度艺术笔尖，都让人印象深刻。

259. RUBINATO 威尼斯面具节玻璃杆金属蘸水笔
威尼斯玻璃笔杆加上金属笔尖，以威尼斯制造的玻璃工艺配上金属雕刻造型笔尖，让面具节的华丽优雅溢于笔上。

260. RUBINATO 经典达·芬奇蘸水笔
经典达·芬奇蘸水笔，由手指造型的指向笔尖结合达·芬奇的艺术与科学精神，金属与棕色木质笔杆沉稳大方。

261. RUBINATO 雉鸡羽毛金属蘸水笔
雉鸡羽毛金属蘸水笔，由意大利进口，以金属笔尖配上雉鸡高级羽毛制作的笔杆，也使全笔轻盈。珍贵稀少的雉鸡羽毛花色特殊，每款的雉鸡羽毛金属蘸水笔毛色花纹不尽相同。

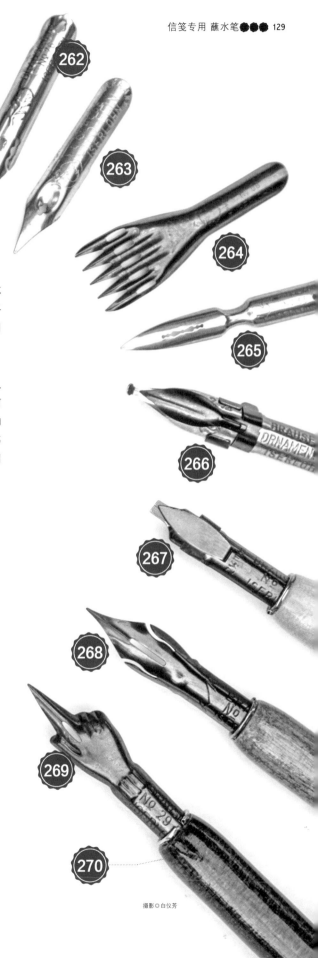

Brause
蘸水笔的前锋与开发者

Brause创立于1850年，
其所生产的蘸水笔被视为是最优秀的产品，
所使用的笔尖皆为自己研发生产，
很多知名的艺术家、书画家与插画家皆使用Brause产品。

Brause公司在1850年成立于德国鲁尔工业区的Iserlohn，蘸水笔笔尖使用鲁尔地区优质的冷轧钢制作，每支笔尖都经过手工调校以确保墨水流量顺畅，并依不同笔尖特性、需求与用途给予发色、防锈及热处理等工序。

百年来Brause公司专注于蘸水笔与蘸水笔笔尖的研发生产，Brause最有名的笔尖包括了Steno，又称为蓝色南瓜尖，以及Arrow，超细箭尖等产品。为满足各种书体绘画的需求，目前Brause生产超过400种不同的笔尖，也让Brause成为蘸水笔的第一品牌。除了蘸水笔、蘸水笔尖外，Brause也提供各种书体教学卡，练习本初阶与进阶工具组合，扎根蘸水笔的使用与教学。

Brause 蘸水笔笔尖
Brause 生产的笔尖包括了 Steno、Arrow、Rose 等受欢迎的笔尖，也有 Bandzug 等平口笔尖供选择，视各种书体绘画的需求而有不同设计与用途。

262. Rose 玫瑰尖
     为弹性尖，最难操控，需要手腕柔软，适合草书。
263. Cito Fein 尖
     金色细尖，半弹性。
264. Music Staff 音乐尖
     呈五爪状，适合做花纹绘画。
265. Arrow 尖
     超细箭尖，超弹性。
266. Ornament 装饰型尖
     适合花体英文书法和绘画。
267. Bandzug 平口尖
     粗尖，墨水储量大，不需要太大施力的入门款，适合歌德体这类较粗的字体，又因 1.5mm 最受亚洲人欢迎，接近中文书写的大小。
268. Steno 速记尖
     外型圆胖又称蓝色南瓜尖，高弹性细尖，是英文书法手写体的热门款。
269. 手指造型书写笔尖
     配合笔尖的手指造型，趣味十足。
270. Brause 原木蘸水笔杆
     有桦木（象牙色）、胡桃木（棕色）、梨木（深咖啡色）、三种。

J.HERBIN

螺纹工艺玻璃蘸水笔

生产最古老墨水的法国经典品牌J.HERBIN，
也生产各式蘸水笔，
每一支都能找到相似的特色，
看得出属于J.HERBIN的基因。

J.HERBIN的玻璃蘸水笔有几个特
色，像是笔头的部分是以精致的
长型螺纹状呈现，不沾墨水时繁
复的线条有它的透亮美，沾墨水
时则能发现，墨水会攀附着不规
则的笔头形成类似孔雀纹路的堆
栈。第二则是接续笔头的圆圈，
J.HERBIN的玻璃蘸水笔会以小巧
的正圆形球让笔杆有层次，在颜
色方面也会加入像红色这类抢眼
色彩让整体对比出来。

271. J.HERBIN 玻璃蘸水笔
这类基本款式相较于其它款较简
单、也比较短小，小巧的圆柱状，
握起来顺手。

272. J.HERBIN 螺纹玻璃蘸水笔
J.HERBIN 制作的螺纹玻璃蘸水
笔，笔身有紫色和蓝色可供选择，
螺纹造型由宽渐窄的设计层次分
明，符合书画手感，搭配独特纹
路的蘸水笔头，易于留住墨水。

273. J.HERBIN 孔雀羽毛玻璃蘸水笔
J.HERBIN 制作的孔雀羽毛玻璃
蘸水笔，蓝色玻璃笔身配上尾端
的羽毛装饰，以红色玻璃球状设
计间隔笔身与蘸水笔头，笔头纹
路较细较窄，适于较精细的书画
描写。

摄影©陈

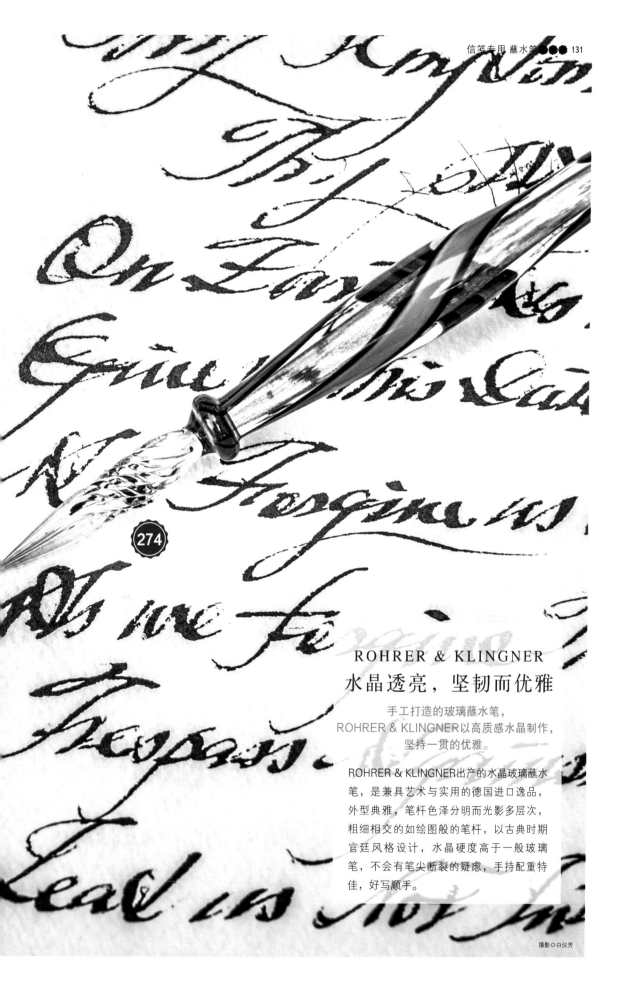

274

ROHRER & KLINGNER
水晶透亮，坚韧而优雅

手工打造的玻璃蘸水笔，
ROHRER & KLINGNER以高质感水晶制作，
坚持一贯的优雅。

ROHRER & KLINGNER出产的水晶玻璃蘸水笔，是兼具艺术与实用的德国进口逸品，外型典雅，笔杆色泽分明而光影多层次，粗细相交的如绘图般的笔杆，以古典时期宫廷风格设计，水晶硬度高于一般玻璃笔，不会有笔尖断裂的疑虑，手持配重特佳，好写顺手。

摄影◎白仪芳

背负保存与传递讯息重责大任的墨水

墨水

与蘸水笔相辅相成，作为最终显形的痕迹。

墨水，在西方最早是由埃及人混合煤灰与植物油或是动物胶制作发明，用芦苇笔沾取来写字，在东方则是中国人用的毛笔墨水，特别是在公元300年时中国发明了固态的墨条，而西方直到了1930年左右才有固态的墨水锭发明。

19世纪末随着钢笔的发达，开始有专为钢笔设计的墨水，其配方发展出来的优点是弱酸性不易对笔及纸产生伤害，颜色多样化；缺点是易褪色，怕光、怕水等造成褪色。因配方大致相同其缺点至今也完全保留着。墨水工业至今仍非常的发达，但大多是用于印刷业的墨水，书写用墨水只是其中的一部份，涵盖了钢笔、蘸水笔与原子笔等书写工具，都需要墨水的配合才能让书写显型。

书写时，墨水以浓淡变化让落笔时的丰富笔触发挥，因此可以传达书写时的轻重缓急乃至笔主心绪，这些心情都通过笔尖流敞纸上，甚至是文字的色泽晕染也令人玩味，墨水被赋予的保存与传递讯息的责任，也仍有更多可能待开发。

关键1

流动性
墨水的流动性是书写流畅与否的关键，太稀易使钢笔等使用沟槽式蓄墨的书写工具漏墨，太浓则易阻塞，因此有些墨水中会多添加防止墨渣形成的溶剂，以免墨渣阻塞了出墨通道而出水不顺。故选用特定用途专用的墨水是有必要的尖。

色泽

墨水的颜色推陈出新，在不同的书写工具与书写途径、背景配合下有不同的表现，并有配合特殊用途墨水而推出不掉色墨水或隐形墨水等，这些特殊功能的墨水并没有比一般墨水来的伤笔，只要记得每次使用完、长久不使用时须要保持书写工具的顺畅即可。

关键3

保存期限

大多数的墨水都偏酸，有抑菌的效果，且也都有再添加防腐剂，一般墨水只要不开封皆可长久保存，谨记开封过的墨水使用完要关好密封避免发霉。与保存期限相关的是墨水中水份的蒸发，水份过度蒸发可能会影响墨水的粘度，进而影响钢笔书写时出墨的流畅性；尤其是快干墨水要特别注意这一点。

关键4

特殊设计

墨水一般人最关心就是防水的问题，其他的功能包括防水、抗光、夜光、防漂白水等各式功能都有，另外有些特殊设计表现在一些墨水瓶的设计上，以方便吸墨的小机关例如可以倾斜放置的角瓶与吸墨器等以利吸墨。

J. HERBIN

全世界最古老的墨水

J. HERBIN钢笔墨水，写下了法国其中300多年的历史。创立于1670年欧洲历史中波旁王朝（Maison de Bourbon）时期，也是航海盛行的年代。

J. HERBIN于1700年开始在巴黎的店中贩卖墨水，就是著名的La Perle des Encres，意指珍珠墨水。此款墨水专门提供给路易十六世使用，也是法国大文豪雨果（Victor Hugo）写下多本文学巨著时所使用的墨水。J. HERBIN墨水使用纯天然的染剂制作，所有墨水几乎接近中性，每一罐30ml的瓶身都有一个笔座，可以置笔。如果要追朔J. HERBIN 300多年前的历史，当时正是中国明末清初、日本江户时代、北美殖民时期，一个以封蜡、钢笔墨水为业的品牌，历经法国300多年的历史以及全球零售业动荡到现在，仍旧沿续着传统的精神，制作高质量的钢笔书写墨水及封蜡工具，或许它代表的是对文化的延续，对历史的尊重，当我们使用这个全世界最古老的墨水品牌时，是否也能以一个人文延续者的姿态将这样的精神传承？

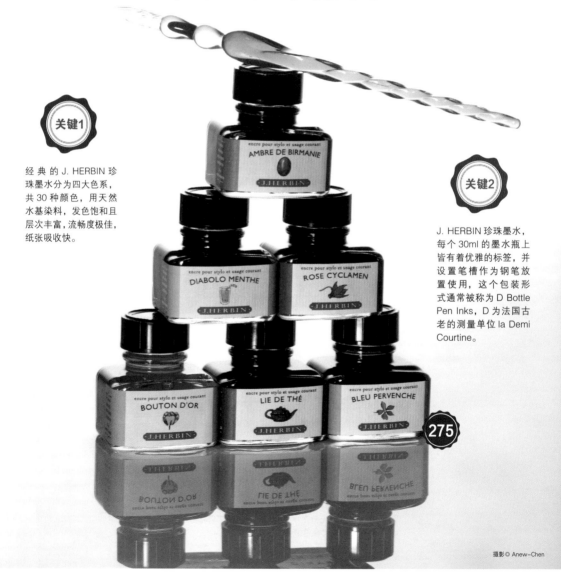

关键1

经典的 J. HERBIN 珍珠墨水分为四大色系，共 30 种颜色，用天然水基染料，发色饱和且层次丰富，流畅度极佳，纸张吸收快。

关键2

J. HERBIN 珍珠墨水，每个 30ml 的墨水瓶上皆有着优雅的标签，并设置笔槽作为钢笔放置使用，这个包装形式通常被称为 D Bottle Pen Inks，D 为法国古老的测量单位 la Demi Courtine。

275

DIAMINE
英国老牌墨水厂

百年来采用传统的技术与配方进行油墨生产的DIAMINE墨水，
是英国优质墨水代表。

1864年成立的DIAMINE墨水为英国老厂，百年来采用传统的技术与配方进行油墨生产，让DIAMINE墨水的商标代表了英国最优质的墨水，并且颜色多变、推陈出新，以带有英国式的严肃而绅士的优雅受到文具爱好者的喜爱。DIAMINE墨水的产品包括钢笔墨水、墨汁，书写绘图墨水及墨盒等，以钢笔墨水最为著名，并致力于研发新的钢笔墨水主题，如推出专门为兰尼埃三世亲王殿下和摩纳哥格里马尔迪家族特制的摩纳哥红等。

277. ROHRER & KLINGNER 钢笔墨水
采用天然原料的 ROHRER & KLINGNER 钢笔墨水，以发色典雅、出墨顺畅著名，适用各家钢笔、纸张，好的墨水需要的特性如吸收快、不晕不渗、层次丰富皆具备。钢笔墨水共有 18 种高彩度墨色，也具备特殊需求如防水、混合调色，同时包装瓶身采防紫外线褐色玻璃瓶，为品牌专用瓶。

ROHRER & KLINGNER
百年历史调配出来的精品墨水

1907年创立于莱比锡的ROHRER & KLINGNER，
坚持采用百年来的工艺精华配方，使用天然原料，手工制作高质量的墨水。

ROHRER & KLINGNER于1907年创立于莱比锡，创始人Johann Adolf Rohrer junior与其父学习制墨后与合伙人Felix Arthur Klingner成立品牌ROHRER & KLINGNER，用精湛的制墨知识与技艺发扬制墨工艺。在第二次世界大战后加入了集化学家与艺术爱好者于一身的同伴Johannes Rohrer，奠定ROHRER & KLINGNER以精良的工艺不断突破墨水工业独特的配方与工法。

ROHRER & KLINGNER传承至今已是第五代了，作为百年历史老店，仍坚持采用天然原料、手工制作高质量的墨水，广受欧美书家与文具爱好者好评。产出包括钢笔墨水、水彩颜料、古典彩绘及书法墨水、复合虫胶墨水及现代彩绘及书法墨水等五个系列的墨水，供书写、绘画、版画、印刷等用途，另有出产玻璃蘸水笔和钢笔清洗液配合使用。

278. ROHRER & KLINGNER 复古虫胶墨水

虫胶墨水为文艺复兴时期到 19 世纪初西方的艺术大师爱用来作单色速描的墨水，如达·芬奇使用乌贼墨汁调制的 Sepia 墨水，林布兰则喜欢用山毛榉烟尘调制的 Bister 墨水等。ROHRER & KLINGNER 推出的系列复古虫胶墨水遵循古法，以水为基底加入颜料和结合剂虫胶制成，颇有古意。

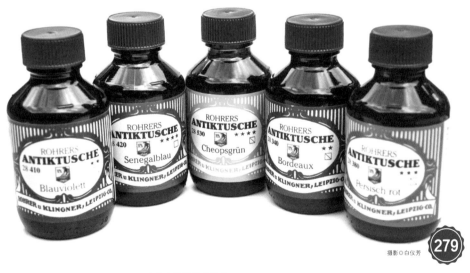

279. ROHRER & KLINGNER 古典彩绘及书法墨水

ROHRER & KLINGNER 古典彩绘及书法墨水由 ROHRER & KLINGNER 与 Schmincke 合作开发，抗旋光性极佳，不因时间泛黄。墨色特性为颜料颗粒细致，颜色饱和、明亮、发色均匀、边缘锐利度高、干燥时间适中、干湿同色，并且干后防水，共 24 色可自由混合，适于绘图、书法、湿画水彩画、草图等。

高雅复古的弥封用具
封蜡

在承载个人情意的信件与礼品上，盖上专属的封蜡章以表诚恳之心。

封蜡又名火漆，是欧洲历史悠久的传统封缄方式，以遇热融化的蜡滴在想要封印的重要信件、文件之上，再盖上有独特样式的图章，以保密信件内容，因封蜡章的图样可显示个人身份地位，常为皇室贵族所使用，并于中世纪风靡全欧洲。除了可防止他人窜改、足以表示文件的真实性，封蜡也有作为代表个人印鉴的功用，因此可盖印于文件之上以表签章同意。

封蜡有多种使用方式，可以将蜡条直接加热、滴在信件之上，也能将蜡条细切为碎片后放入汤匙加热使用，或者以火枪协助使用。今日因其浓厚的古典文艺气息，不少人也使用封蜡作为送礼时的缀饰与信件上的特殊弥封。

关键1

章柄
常见的有以手感温顺、好握的木头作为章柄材质，也有较具现代时尚感的铝制握柄。

图章
好的图章易于清洁，保持章面的整洁与锐利度才能有最佳的封印成果。
而样式方面通常有可以代表个人名字缩写的英文字母，及其他多种图
示象征，用户可依需求选择欲封印的图案。

蜡条
蜡条的质量是促成完美封蜡印的
关键，以松脂为主要成分的蜡
条，必须有足够的延展性与黏着
力，才能将密封的功用发挥至极
大值，此外也需有高质量的染色
技术才能确保蜡于印制过程能保
持原有的色泽。

J. HERBIN

创于波旁王朝的封蜡品牌

已有340多年历史的J. HERBIN，历经三个世纪的改朝换代后，
仍延续传统制作高质量的封蜡用具。

J. HERBIN是以封蜡起家的法国品牌，1670年的欧洲波旁王朝时期，由一位名为
Mr. Herbin的水手所创立，因其丰富的航海经验而将印度的封蜡制造技术带回巴
黎，使用特殊亮漆配方后，提升了封蜡图章的黏着性与整洁度，也因而使得 Mr.
Herbin从一位无名水手跃升为国内名声响亮的风云人物。

J. HERBIN 蜡条

以松树脂、石灰石等天然原料制成，天然高级的染色成分让蜡条在使用过程保持原有色泽，
同时具有高度黏着力。有多达 17 色的经典纯蜡条，也有使用上更为便利的火芯包覆款，与
其他多种具有不同特性与颜色的款式，依款式不同可使用次数也有所不同。

280. 经典混色金蜡条
281. 古典纯色蜡条

282. **J. HERBIN 金色封印粉**
盖在封蜡之前将封印先沾印台里的金粉，然后再盖封蜡图案即会呈现金色，为封蜡增添多一层次的特殊效果，也提升章印的质感。

283. **J. HERBIN 章柄**
J. HERBIN 的封蜡用具分为章柄与图章两部分贩卖，专用把手以亮漆木柄制成，手感温润，底部为黄铜材质，并设有螺丝可旋上各式图章。

284. **J. HERBIN 图样章**
由黄铜制成，图样章又分为古典欧洲家徽和特定图样，包括常见的太阳、月亮、玫瑰等等。

285. **J. HERBIN 英文字母章**
经典的 24 款英文字母图章，由黄铜制成，特殊设计让章印本身可随时保持整洁与锋利度以永续使用。

RUBINATO
精致多样的蜡章

RUBINATO的一贯风格是既华美也多变。

1980年代成立的年轻品牌，结合现代与
古典，现代得勇于大胆尝试，古典得拥有
维多利亚时期的风貌，树叶蜷曲，繁花茂
密，不论是封蜡章或者蜡条都可以看到
RUBINATO用心于雕饰花纹，不曾拘泥于
变化。

286. RUBINATO 锡制封蜡章
锡制封蜡章搭配细致雕花与英文字母的样式，整
体造型呈现欧风设计。章柄好握，且因带有重量，
在使用时能增加印制质量。

287. 复古封蜡汤匙
利用黄铜导热快速的特性，制作出外形典雅的封
蜡匙，可将蜡条切碎后放入匙中加热，因汤匙的
容量设计为一次封蜡所需的量，且匙口有两个尖
嘴设计，方便使用者拿捏蜡的使用量，而木制匙
柄除了隔热的功用外，特别的弧度设计也提供使
用者舒适好握的手感。

288. RUBINATO 蜡条
RUBINATO 的蜡条上有精致古典花纹，蜡中附
有芯方便点燃，特色为柔软不易断裂，又以暗红
色为最经典款式。

摄影©白仪芳

摄影©白仪芳

随身携带或最常使用的信笺工具?

Rudy:这些信笺工具在现代来说已经不太可能随身携带或者作为平常使用,它们从最年轻的80几岁,到最老的有800多岁都有,除非有一个正经的理由,才会开始这样严肃的书写。

信笺工具对你的意义?

Rudy:我个人很喜欢文具,通过引进这些古老欧洲工艺,可以看到文具不再只是一个工具,一个个都拥有自己的故事,在使用过程中得到文化历史和工艺美学的体验,是很难能可贵的经验。我自己也会利用这些工具和别人通信,朋友在黑色卡片上写上的金色英文书法,印上封蜡章后寄来,收到一封这样的信,一定会想留下来,就像我一直强调的这已具有永久保存的意义在,甚至有时候写完信之后,自己都会舍不得想留下来,而另一方面,也是希望借由英文书法的书写,带动这些工具的运用,让文化可以传承下去。

选择信笺工具的重点?

Rudy:就纸来说,现在一般工业纸使用造林木,从原生纸浆加工,用软化剂让纤维变软来溶化纸浆,再用脱臭、脱色和结合剂,添加这些化学药剂的过程当中,纸不会是中性的,久而久之纸就会变黄、变脆,如果作为长久保存事实上是不

不再只是工具,
是文化历史传承下的美学工艺
信笺藏家——尚羽堂 Rudy

因为喜欢古欧洲信笺工具,
谈起维多利亚时期,
一百多年前的意大利,老板说那是文艺复兴时代的起源地,留下经过时间的淬炼的传统工艺,对他来说永恒与独一无二是选择的唯一宗旨。

文_邱子秦 摄影_白仪芳

合适的,相对来说,手工纸强调含棉量,使用第一次的原料制作,与多次加工的纸不一样,如果要作为长久保存的,放一两百年都没问题!

现在全世界几乎没有人生产这些,无论是手工纸或是封蜡工具。以amatruda来说,是欧洲第一家造纸厂,在意大利的阿马尔非(Amalfi),那里的海岸公路很漂亮,两大著名产物其中一个是柠檬,另一个就是手工纸了,从13世纪开始到现在amatruda一直都是家族企业,以前教廷有圣殿骑士的档案,就是用这个纸做成纪念书。

有没有一些绝版收藏、古董的信笺工具?相关的收藏故事?

Rudy:我觉得通过收藏,可以看到这些工具在一百多年来的演进,包括使用材质、设计和制造方法的不同,这些是非常有趣的。我自己有一些古董钢笔、蘸水笔和写字台,好几个写字台都是来自一百多年前维多利亚时期,是当时的中产阶级家中必备的,其中一个用玫瑰木做成的写字台,上面镶上珍珠贝作为装饰,来的时候已经破破烂烂,我们自己加以修复,把卡榫换新,用桧木做成里面的隔间收纳盒,在上面写字的时候会觉得书写是一件被认真对待的事情。

李志承Rudy
尚羽堂的老板,因为喜欢这些古老欧洲传统工艺,代理了诸如何意大利amatruda手工纸、法国经典墨水 J. HERBIN 和德国 Brause 的蘸水笔等,不论在各种蘸水笔笔尖特性和墨水用途,或者纸张原料构成都拥富知识,犹如古老文具工艺的讲师。

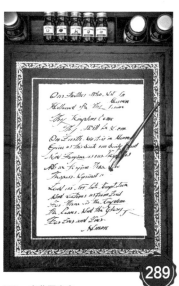

Rudy 的经典文具 5+

292. 英文书法卡片
Rudy 收到的朋友用英文书法写的卡片。

289. 古董写字台
维多利亚时期古董写字台，上面的凹槽为摆放墨水用，写字台表面可掀开放信封、信纸，虽然是有年纪的古物，却能从小细节看出它的精致。

293. 欧洲古董淑女笔
笔头 Q 软有弹性，在钢笔还没普及时，以前欧洲的小姐包包里都会放一支这样的笔其中一头是铅笔，另外一头是蘸水笔，因为以前的柜台、邮局都会放置墨水，可以直接沾墨写，不用的时候就把两边都旋转进来，变得小小一支。

290. 291. 古董蘸水笔
上面刻有精致的花纹，顶端镶上珠宝，这些在从前是在珠宝店定做而非文具店。

TOOL
仪 器 工 具

绘图者必备
工程笔

同时结合自动笔与铅笔特点的工程笔，适合绘制各种图像，也能作为日常书写用具。

工程笔外形神似自动铅笔，内部为可补充与替换的长形笔芯，其笔芯直径较一般自动笔长，接近铅笔的内部铅芯，因而有不易折断的特性。使用方式为按压笔端铅芯，笔芯即可向外推出，使用完毕可将笔芯收入笔杆、直接放入口袋或笔袋，便于携带也不会弄脏衣物。笔芯的装填则有从笔的尾端装入或由出芯口装入两种方式，部分笔款于尾端按压处内部附有磨芯器。

工程笔在绘图时可以画出如铅笔般的笔触，线条的轻重粗细也较好控制，适合大面积制图，也能轻松制造图像的明暗面，且修改时比一般细字自动笔好擦不留痕迹。此种笔类适用于各种图像的绘制，且使用时若能一边配合转笔，即可保持笔芯锋利度，免去铅笔非得削笔不可的程序，因而广受多数绘图者爱用。

关键

笔杆的手感决定使用时的舒适度，也会连带影响绘图的质量，而工程笔依使用习惯、用途不同，也有各种直径、软硬与色彩不同的专用铅芯。

测量的艺术
标尺

选择一把迷人好用的尺，让它为你度量世上各种距离。

刻度

刻度是一把尺的灵魂，也是它的主要功能，因此一把好尺无论以何种单位测量、印刷或者雕刻方式呈现，都必然清晰而易于读取。

材质

木尺的质感在众多材质中，属于温润的手感，而其他如黄铜可随使用时间变换色泽、增加复古痕迹，铝、不锈钢等材质虽为偏冷硬质地，却在造型上有着现代时尚的形象，进行切割时也不易损坏。

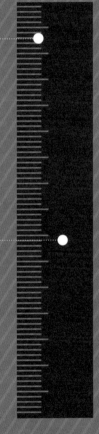

标尺的发明已不可考究，除了用来度量距离外，早期也用在源于古希腊的标尺作图研究，并被广泛应用于数学、工程等科学领域，当然，最普遍的使用即是直线的绘制。直尺的发明已不可考究，早期的尺大多为木制，由木匠的随身折尺，再演变为裁缝师的折尺，通过橡木、樱桃木、梧桐、榉木或桦树制成的木尺，搭配黄铜镶嵌，被前人悉心使用，妥善照护之下能流传几十年的时光。

今日无论是直尺或皮尺，皆由各种多变的素材所打造，造型上也有所革新，如此与手部有着密切接触的文具，不仅能为使用者带来度量的便利性，也能产生各种手感与温度。别小看这样平凡的文具，无论是历经岁月的古董皮尺，还是设计新颖的直尺，都能为书桌增添不凡的景色，这就是属于标尺的艺术！

利落有型的绘图工具

294. OHTO SUPER PROMECHA 工程笔
在台湾较少见的 OHTO，是日本颇负盛名的文具设计开发制造商，出产的 SUPER PROMECHA 是以专业机械设计理念为导向的制图自动铅笔，六角型笔杆外以铜合金铸制配上内部 SK 材质，帮助握持稳定性，配合可调整的强力笔夹与笔芯等，在竞争激烈的日本文具界占有一席之地。

295. FABER-CASTELL TK9400 工程笔
FABER-CASTELL TK9400 工程笔是一款相当厚实的工程笔，尽管它是塑料六角形笔杆，但整体的手感是接近木杆铅笔的，早期笔杆上头有 GERMANY 的刻印字样，现代版则没有，笔尾处有笔芯硬度标。

296. Pentel PG5 0.5mm 工程笔
Pentel PG5 以不惑高龄获得最长寿的日系制图自动铅笔称号，它诞生于 1972 年，目前也仅剩 0.5 款式继续生产，外型纯粹，配备细长笔杆、硬度标示窗、较长的护芯管，多角形的笔身以及浅沟纹握位提供适当的握持感，有种古典的优雅。

297. STAEDTLER 92585 全金属自动铅笔
德国 STAEDTLER 出产的 92585 全金属自动铅笔，适用于专业绘图及日常书写，曾获 2005 年日本优良设计大奖，以铝制笔杆设计重心偏向笔尖，配合磨砂水纹握手增加摩擦，保证完美的书写表现与坚实的质量。

摄影 © Anew-Chen

古董标尺
19 世纪测量标尺的风景

古董标尺经过百年的时间仍是兼具美丽和实用的珍藏品。

数学的繁杂，精密的测量，既密麻也具逻辑。或者航海帆船，或者建筑绘图，几何学、物理学、天文学、哲学、历史、美学、音乐，在古欧洲是 1.618黄金比例的时代，雕塑家和建筑师巧妙地利用黄金分割比创造出了雄伟壮观的建筑杰作和令人倾倒的艺术珍品，建构出美丽而科学的风景。

298. ROYAL DOCKYARD TAPE MEASURE 皇家船坞古董卷式皮尺
早期是用来测量帆船使用，为航海收藏家的首选。

299. 荷兰古董木折尺
原形来自木匠或裁缝师使用的折迭木尺，不过尺寸较小的也能随身携带，轻抚樟木材质与铜边镶嵌的温润，触感绝佳！

300. Chehoma 仿古黄铜制卷尺
比利时制，握在手中质感扎实，仿古造型让人爱不释手。

摄影 © Anew-Chen

Tom Dixon
来自工业思维的前卫设计

作品灵感常常来自于材料与工业技术的Tom Dixon，
未来感十足是它的最大特色。

Tom Dixon是当代英国工业设计的代表，亦是位专注材质、重视技术、融合文化、精于推广的全方位设计人。他重视材料及技术的创新，重视使用的便利与文化特色，作品造型简洁充满科技工业风格，将生活与前卫技术完美结合。Tool The Mathematician数学家的精密工具，以Tom Dixon最具代表性的黄铜为素材，结合工业激光技术打造数学爱好者和精密绘图员的工具包，内含黄铜尺、量角器、三角板、多角形书签、文字复写板等，简洁利落的线条，是一款极具当代感、来自工业设计思维的典藏文具。

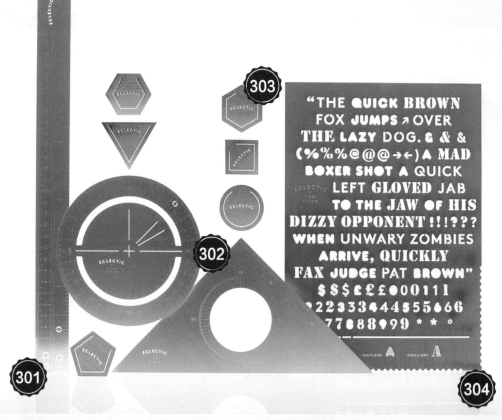

301. **Tom Dixon The Golden Rule 黄铜金尺**
采用0.1cm厚黄铜片经镭射切割蚀刻的精密的制图尺，不因时间而使得数字剥落。

304. **Tom Dixon Copycat 数学家描字板**
利用印刷字体中的 Brown/Frankfurter/stencil serif 三种字型，组合成各种有趣的单字和数字，也能够拼凑出自己想要的字句使用，上端预留了小孔，平时不用时挂在墙上收纳也相当美丽。

302. **Tom Dixon 黄铜圆盘分度器和三角板**
360度的量角或者180度的半圆都精准无误。

303. **Tom Dixon Clip 数学家小书夹**
有圆型、三四五六角几何图样的书夹，在书缘透露出小巧的精致品位。

MERCHANT & MILLS

复古裁缝风格在工具用品中延续

来自英国的品牌，融合复古裁缝风格于文具精品中，
以经得起时间考验的设计制作，
让人感受其中的设计温度。

来自英国的MERCHANT & MILLS创立于2010年，创办人
Carolyn Denham和Roderick Field期望延续复古裁缝风格，让英
国裁缝店的老师傅心血智慧再传承，让复古经典电影中的镜头时
光在现今摩登年代重现并经得起时间考验。

MERCHANT & MILLS出品的产品除了强调实用的功能性，更为
生活用具带来新的风貌，通过充满英式经典风味的工具，让使用
者可以把喜爱的工具小物随身带在身边，使设计在生活周遭重
现，诸如卷尺、文具、剪刀与安全别针等，皆由英国工匠手工打
造，在质朴与设计中使用工具原貌，简洁中流露着古典的优雅特
质，独特又细腻的外包装与商品都显现了设计温度。

305. MERCHANT & MILLS 折尺
来自英国裁缝用具品牌的 MERCHANT & MILLS 除了发表多款博获文具迷
的实用工具外，此款的折尺比起塑料尺多了浓厚的存在感，各别标明了吋
（inches）与cm（cm），是一把专业的木制折尺。

306. MERCHANT & MILLS 黑白色皮尺
此款黑白色皮尺为英国设计，德国制造，在英德风味的揉合下经典的黑白
色彩，除了不变的实用功能，简单的黑与白设计拥有不凡的美感传递。

玩味工程笔的多样造型

图片提供© Ultrahard **307**

图片提供© 22designstudio **308**

摄影○陈威文 **309**

307. Ultrahard peddo 自动绘图笔
不同于一般粗铅芯的绘图笔，外观朴实厚重，此款 Ultrahard 的自动绘图笔以金属作为外观的，刻有圈线条纹，笔尾的盖子为磨芯器，方便利落。

308. 22designstudio 水泥绘图笔
由台湾设计师打造，以水泥为主要材质所制作的绘图铅笔，如等高线般的造型展现材料坚硬的特性同时保持舒适的握感，会因为制作时不同的温度与湿度，呈现各自不同的样态。冷静且生命力十足的设计，不仅跃上《纽约时报》版面，也被选入英国的 Paul Simth 专卖店陈列贩卖。

309. Kaweco 草图笔
德国 Kaweco 草图笔，夹头为六爪结构，能稳固夹住笔芯。延续品牌笔杆短小的特色，虽较短握起来仍颇有重量感与稳定性，笔尾附有磨芯器。

图片提供 ○ 直物 **310**

图片提供 ○ 直物 **311**

图片提供 ○ Ultrahard **312**

图片提供 ○ MOT × nordic **313**

310. **三菱 Uni 工程笔**
三菱 Uni 工程笔以代表高级铅笔的红豆色的笔杆为主色，以日系工程笔的笔芯装填方式采用从笔尾处装入笔芯，笔尾按压处无磨芯器，不论是作为工程笔或是日常书写用途，都是高性价比的好选择。

312. **Ultrahard peddo 圆木杆绘图笔 Natural**
Peddo 的品牌命名来自拉丁文 Addo（注入、赋予），有启发灵感的创造涵义，旨在传达手工技艺与书写手感。这款绘图笔的特色在于手工雕磨的榉木笔杆，造型朴实敦厚，采按压推进，铅芯为较粗的 5.5mm 规格，可用于书写、绘画。

311. **KOH-I-NOOR 5900 附夹工程笔**
1790 年成立的 KOH-I-NOOR 捷克铅笔公司推出专业用途的书写工具，这款 5900 工程笔是 KOH-I-NOOR 工程笔款中的高阶型号，分成笔夹有无两种款式，使用 2.0mm 标准规格笔芯，笔尾按压处转出磨芯器，需从前面出芯的地方装入笔芯。

313. **PLAYSAM 涂鸦炭笔**
1984 年成立于瑞典的 PLAYSAM，是木制玩具设计的领导品牌之一，至今仍是瑞典设计界著名的 Excellent Swedish Design 奖项的得奖常客，是新一代北欧设计不可遗漏的品牌。木制三角柱状的造型，笔身如镜面的烤漆，加上人体工学三指握的省力设计，让这款炭笔与众不同。

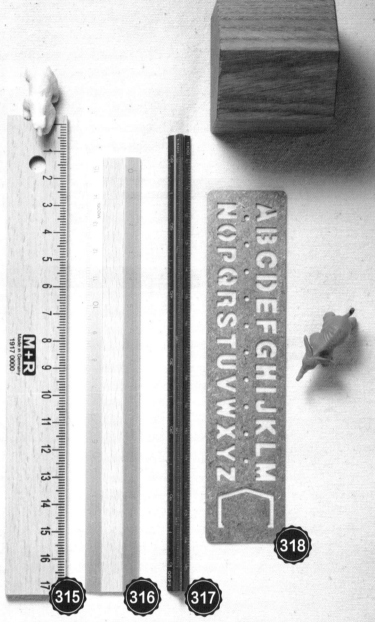

用材质玩数字游戏

314. HAY 条纹木尺
丹麦 HAY 推出的条纹木尺系列，形状包括三角形、平面、长方体的木尺，刻度表示也各自不一，与条纹色彩与颜色结合，让尺瞬间变得活泼与新潮。

315. M+R 17cm 木尺
推出多款黄铜削笔器的德国品牌 M+R，文具皆采精致小巧路线，却不失德国严谨的制造特色，木尺简单而耐用，17cm 的长度解决偶尔遇上 15cm 不足的遗憾。

316. MIDORI Aluminium ruler 铝尺
日本 MIDORI 品牌推出的铝尺，与木质尺身的配合的完美比例。拿在手上轻巧而又有质感，铝端度上刻度，斜面的设计让使用时更加方便。

317. TTLB 铝制比例尺
礼拜文房具从一开店就推出的铝制比例尺，一直拥有着超高人气，这也是一项台湾本地商品，三角柱的尺身，在刻度的部分以激光雕刻。

318. MIDORI 字母描字规
以黄铜文具闻名的 MIDORI，此款数字描字规让人忆起小时候喜欢涂鸦的快乐。

摄影◎陈威文

精准于刻度之上

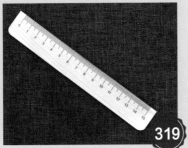

319

图片提供○一郎木创

319. 一郎木创 日本桧木直尺
一郎木创推出的日本桧木制造的木直尺，强调为无论办公、学习都适用的好工具，由日本桧木切割制作而成，搭配镭雕刻度，是一把简单而有质感的好尺。

320. M+R 金属镶边木尺
M+R 金属镶边木尺以质地坚硬的山毛榉为材料制成，木尺长度为20cm，德国制造，边缘镶以金属条增加木尺强度，木材本身未上漆，会随着使用时间而慢慢改变颜色。

320

图片提供○直物

321. 一郎木创 圆形卷尺
日本桧木数十年吸收自然菁华，为保留桧的心，由一郎木创工房的老师傅，专注三十年经验所制作心持木，以此制作的心持木蜗牛造型的布卷尺，内含 100cm 的卷尺，适于日常生活打量身型尺寸，是一款具疗愈风的实用小物。

322. 骑马钉多功能尺
这把尺跟一般尺比来，多了一个可以承受并折弯钉书针的底座，也印上了可以对准折线的记号线等，让一般的订书机也能完成书本骑马钉的功能，不仅如此，他还能画直线、波浪线，以及画直径以 1cm 增加的圆形、作量角器和放大镜。

323. KUM 德制韧性尺
1919 年创立的德国工艺品牌 KUM，名称缩写来自于削笔器常应用的两种材料 Kunstoff & Metall，其品牌致力于开发入门到专业级的削笔器及绘图用具，这款德制韧性尺为其中代表作品。

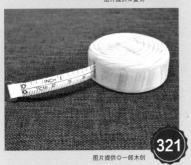

321

图片提供○一郎木创

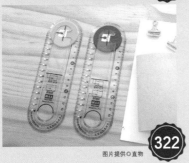

322

图片提供○直物

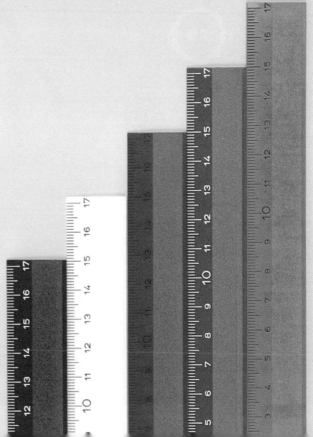

323

图片提供○两眼一起

不能没有它们的裁切道具
刀具
能否平滑顺畅地剪、裁、切、削，是身为刀具必须通过的基本检验！

事务用刀具在众多文具品项中，属于功能性强的文具类型，无论是作为何种用途的刀具，都难以被其他工具取代。在设计上，因以切割为目的，刀刃本身的利度、刀具的整体手感，以及适剪（切）于何种材质便是使用者在挑选时需要考虑的首要条件，选用适合的刀具剪裁与切割，才能保持刀刃的锋利度与耐用性。

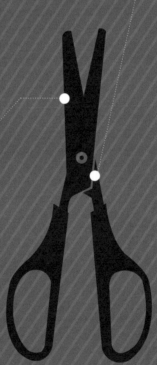

关键

剪刀
剪刀的初始原形约于公元前 1500 年由古埃及人发想，承蒙于前期的简单构造，公元 100 年交叉刀刃的现代化剪刀始由古罗马人所发明，利用杠杆原理使两面刀刃成为抗力点，把手部分则为施力点，早期用以布料剪裁及理发。

关键

刀刃
除了锋利度外，刀刃的长短也是影响一把剪刀的适用性关键，如刀身较长者适合大面积的剪裁，精工类型的用途则需使用短刀身且刀刃较薄的刀款，此外，不同的刀刃方向也决定一把剪刀适用于左手还是右手。

关键

削笔器
削笔器分为手动与机械型两种类型，其中机械型
又有需装电池的自动款与附有手柄的手动款，使
用上皆比传统手动削铅笔器更为方便省力，然而
传统型也有其体积小、携带方便的优势，并以单、
双孔最为常见。

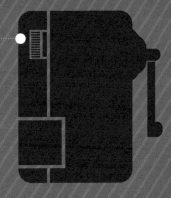

关键

好的削笔器能够均匀削笔，笔芯不会因为
削得太细而易断，部分削笔器更有调整笔
尖模式的功能，足以应付各种绘图或书写
用途。而设有盒盖的削笔器则能容纳削笔
碎屑，保持手部与桌面清洁。

关键

小刀
在削笔器发明以前，人们使用小刀作为削笔工具，在
较为便利的现代化发明问世后，不少削笔刀仍以特殊
复古的造型吸引收藏家纳入珍藏。除了用以削笔外，
其用途广泛且短小而宜于携带，因此是许多人外出时
随身必备的物品。

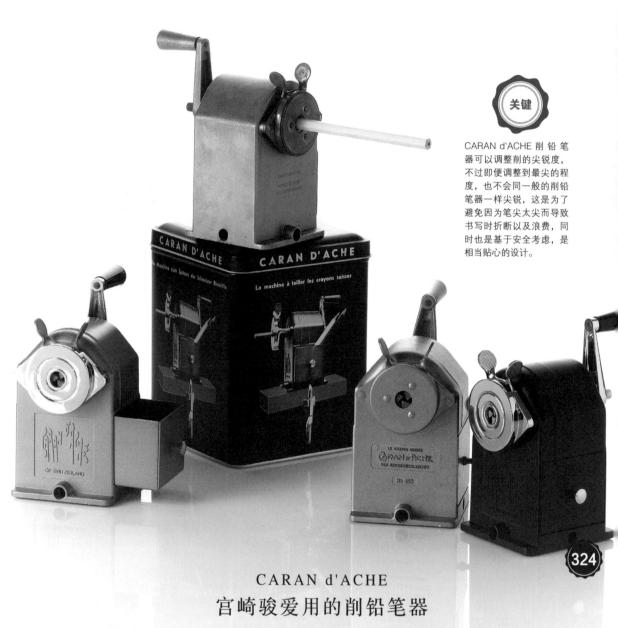

关键

CARAN d'ACHE 削铅笔器可以调整削的尖锐度，不过即便调整到最尖的程度，也不会同一般的削铅笔器一样尖锐，这是为了避免因为笔尖太尖而导致书写时折断以及浪费，同时也是基于安全考虑，是相当贴心的设计。

CARAN d'ACHE
宫崎骏爱用的削铅笔器

什么样的削铅笔器可以历久弥新地被人喜欢，甚至连日本漫画大师宫崎骏都爱不释手，
其迷人的魅力可见一斑！

来自瑞士日内瓦的文具品牌CARAN d'ACHE，1924年创立的时候以彩色颜料和铅笔起家，是世界第一家制造自动铅笔（1929年）及钢珠笔（1953年）的品牌，优良的原子笔、铅笔以及彩色颜料在瑞士市占率近9成，甚至当代的艺术巨匠

毕加索也是CARAN d'ACHE彩色颜料的忠实客户！1933年CARAN d'ACHE推出了这款手动式削铅笔器，圆滑厚实的造型颇受当时人们的青睐，虽然经过81个年头，时至今日，CARAN d'ACHE削铅笔器的外观没有太大变化，依旧是扎实的

金属材质，由于体积厚重，所以不需要固定器也能轻松削铅笔。为庆祝CARAN d'ACHE削铅笔器80岁，推出限量1933套，分别为银色及黑色，除了有纪念盒装之外，外观图腾也有所不同，特别的浮雕图案，值得纪念收藏。

X-ACTO
转盘下严谨务实的机能

X-ACTO的产品总是有着鲜明的工艺性格，
已然成为精密裁切的同义词。

1917年，美国品牌X-ACTO成立于纽约，在20世纪30年代早期是以生产手术用器具为主，因技术精湛，一开始是生产抛弃式手术刀为主，后因为公司内的广告艺术家需要工艺用笔刀，因此将草图研发给设计生产部，进而制造出各式各样的工艺用品，X-ACTO的品牌才逐渐转型为文具品牌，并逐步确立了它在工艺产品中的独特定位。到了1980年代开始研发各式各样的工艺用切割刀、笔刀、夹子和削铅笔器等，目前隶属于文具大厂ELMER'S之下，产出知名产品包括了X2000与Gripster art knife工艺用笔刀，削铅笔器则包括了Ranger55经典削笔器、1182削笔器、VACUUM MOUNT1072等产品。

325. X-ACTO Ranger55 经典削笔器
在 20 世纪 50 年代由美国人所设计制造，整台以金属打造分量十足，旋转盘上八段式粗细削孔，适合各种尺寸铅笔与色铅笔，散发着一股浓厚的工业设计风格。

326. X-ACTO 1182 削笔器
1182 削笔器是经典设计之一，透明外壳可以直接看到削铅笔的过程，也方便辨识什么时候需要更换削铅笔的碎屑。

327. X-ACTO VACUUM MOUNT1072 削笔器
它的机械结构使用方法需要扳动下方横杆将吸盘吸在平滑表面的桌子上，并且使用左手先握住铅笔并抵住，右手旋转笔刀开始进行削铅笔的动作，以此削出完美的铅笔。

328. X-ACTO L 削笔器
X-ACTO 的机械结构使用方法与一般印象中的削铅笔器不同，单一孔径设计，必须以螺丝固定桌面才能使用，或是固定在墙上，学校教室的窗台边、图书馆的门板上、工具间的工作台等，是工作环境中亮眼与实用的点缀。

329. X-ACTO KS 削笔器
共有 8 种孔的铅笔尺寸可选择，必须将底座锁上螺丝固定于桌面上才能使用，与X-ACTO L 属同一系列，能够固定在墙上和角落。

330. CARL CS-8 铁制复古削笔器
此款 CS-8 是 Angel-5 铁制复古削笔器的特别色版本，雾面粉绿的表面，却是金属质感的内在。Angel-5 为 1980 年代小学生的回忆，方型按压钮和梯形的托出面板是它外型的一大特色，手动削铅笔器，单一削铅笔段数，可削圆型、六角型及三角型铅笔，并附机身固定架可固定于桌面，如机动使用时也不怕摔，铁制外壳坚固、好用，采用日本原产削笔刀，一般铅笔皆适用，造型一如当年的经典设计，颇具复古风情。

CARL
能永久使用的实用美
**CARL的削笔器不论在哪里都有一票忠实的使用者，
坚固耐用是它一直以来的形象。**

日本品牌CARL以生产经典的削铅笔器闻名，出产多款可变与不可变段数的削铅笔器，并以较轻巧与简单的手动削铅笔器赢得各个家庭的喜爱。而削笔器中最重要的部分滚刀，CARL以特殊铜制成，让铅笔能够稳定的削去一层层，而除了机能美以外，CARL在设计上也十分注重商品的寿命，他们认为文具的一大魅力，就在于长久使用会产生感情，在充斥着用完就丢的工具时代，贯彻环保的设计思想，致力打造持久耐用的文具，而Angel-5就是CARL的代表性商品之一。

摄影○陈威文

肥后守定驹、山下鲸鱼小刀
日本人童年回忆的削铅笔刀

携带方便，用途甚广的小刀是许多人外出活动时的随身必备。虽然精致短小，
却历史悠久，经典款式也成为许多藏家的最爱。

对于童年，大部分人都有一把不锈钢小刀的回忆，而这把小刀的原型就来自日本的折刀。真正起源年份早已不可考，根据数据纪录应为19世纪后期（约1893年）的日本，此后只要是类似这种款式的折刀都称为"肥后守"。这把"肥后守定驹"来自兵库县三木市的永尾驹工厂，由三木市传统冶刀铺的第四代传人永尾元佑手工订制，肥后守刀刃使用青纸钢材，外覆地金，以三层钢锻造而成，中间的夹层钢材特殊，因此打磨后刀刃呈现不一样的色泽。据说此三层锻造方式来自于传统的日本武士刀，"肥后守定驹"的后方有押片，展刀方便且易于携带，相当具有珍藏价值。另一款造型可爱的山下鲸鱼小刀出自土佐（高知县）锻冶职人山下先生，源自一位母亲的请求，希望打造一款没有危险刀尖、适合孩童使用的削铅笔刀，因而创造出第一款抹香鲸刀，以及之后的一系列共6款鲸鱼造型。由于鲸鱼小刀的刀刃厚，握感稳定且为双面刃，左右手皆可使用等优点，这系列手工锻造的鲸鱼小刀甚受收藏家的喜爱。

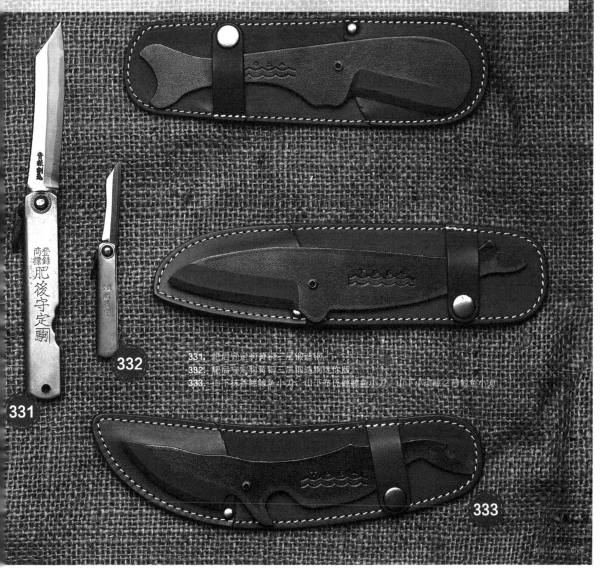

331. 肥后守定驹黄铜三层锻造钢
332. 肥后守定驹黄铜三层锻造钢迷你版
333. 山下抹香鲸鲸鱼小刀、山下布氏鲸鲸鱼小刀、山下小须鲸2号鲸鱼小刀

334. DUX 墨水瓶削铅笔器
墨水瓶削铅笔器外观是旧世纪的墨水瓶，相当有分量与重量，其瓶身由玻璃制成。

335. DUX 黄铜削铅笔器
这款黄铜削铅笔器，在市面上销售超过80年了，可调整三段不同笔尖模式，将上端调整环数字转到1，为最钝的笔尖模式，2为适中，3为超尖锐，是专为特殊需求而设计，让你在绘画、制图或是书写上更能得心应手。

336. DUX 铝制削铅笔器
这款铝制削铅笔器早在20世纪初就出产了，现今沿用当时的材质与工法，具备双孔设计，可削较粗与一般尺寸的铅笔，是个见证工业设计历史的产品。

337. DUX 圆罐削铅笔器
铝制的削铅笔器，外壳是热固性塑料材质容器，近于陶瓷一样的质感，拿在手上可以感受它的分量，容器内设计成圆形底，可以长期使用与清洗。

338. DUX 大理石纹圆罐削铅笔器
与圆罐削铅笔器同材质，外观设计则采大理石纹路，与其触感相呼应。

DUX
百年来只专注于制造削笔器

态度严谨的德国工艺，百年下来的坚持不变，
每一个削笔器都是数十年的经典款式。

DUX为1908年创立的德国品牌，以设计制造精美的削笔器出名。家族式经营的公司，至今不仅为每日使用铅笔的学生与工艺人士，而是专门为所有人研究制作质量优良的各种削笔器。DUX的专注制造反映在它的产品上，既简单也耐用，不锈钢刀片坚硬好削，设计经典而别具特色，不管是黄铜系列的流传不败，或者玻璃墨水瓶削铅笔器复古样式，到现在还为德国邮局所使用的款式，或者多色圆罐、铝制削铅笔器哪一样都像是在为未来的储备一个值得永流传的削笔器。

339. M+R 镁制三孔削笔器
镁金属的特殊质感让人爱不释手，不做表面处理，会随
着时间呈现各不相同的色泽。共有三个可削铅笔的开孔，
分别为削出不同的笔尖长度设计。

340. M+R 圆形黄铜双孔削铅笔器
开口分隔九十度角，方便两面使用。

339

340

341

342

343

344

M+R
铜色的坚韧

复刻质感的削笔器品牌M+R，
在黄铜和木头设计都使用具天然质地的样貌呈现。

德国品牌M+R（Möbius und Ruppert）是在1922年
成立的家族企业，生产高稳定性的产品，包括为人所
知削笔器以及绘图和切割工具。黄铜的小巧削笔器，
精巧精密，适用于各种材质的铅笔，还做了防锈的设
计，表面的颗粒则是为了握在指尖的时候可以稳稳的
固定，防止滑落。

341. M+R 木质双孔削铅笔器
同样印有压印设计，双孔便于一大一小的笔杆。

342. M+R 木质单孔削铅笔器
背后采类似印章压印的外观设计，大大的条形码与品牌
名，颇具酒庄箱的趣味。

343. M+R 斜面黄铜单孔削铅笔器
双边有弧度的凹陷，不仅美观也好拿。

344. M+R 黄铜单孔削铅笔器
子弹般的外型，便于捏在指尖

轻巧的削笔用具

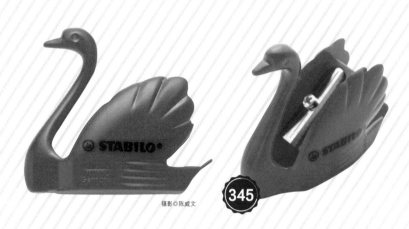

摄影◎陈威文

345

摄影◎白仪芳

346

摄影◎白仪芳

347

345. STABILO 天鹅造型削笔器
德国品牌 STABILO 推出同 Logo 天鹅造型的削笔器，
以红色塑料制成的天鹅为主体，适用削一般细杆铅笔
的小型手握削铅笔器，除具实用性外，即使不削笔时
也能作为可爱的摆饰。

347. 月光庄木头削铅笔器
方形圆角的月光庄削笔器，以木头制成，黑色大大的
号角 Logo 印于其上，复古可爱，并有两个插孔，适
用于两种铅笔大小。

346. 月光庄塑料削铅笔器
这款月光庄削铅笔器上有两个削铅笔孔洞，
可以选择不同大小的铅笔配合，上面有月光
庄的招牌号角 Logo，红色小巧的外形非常
讨喜。

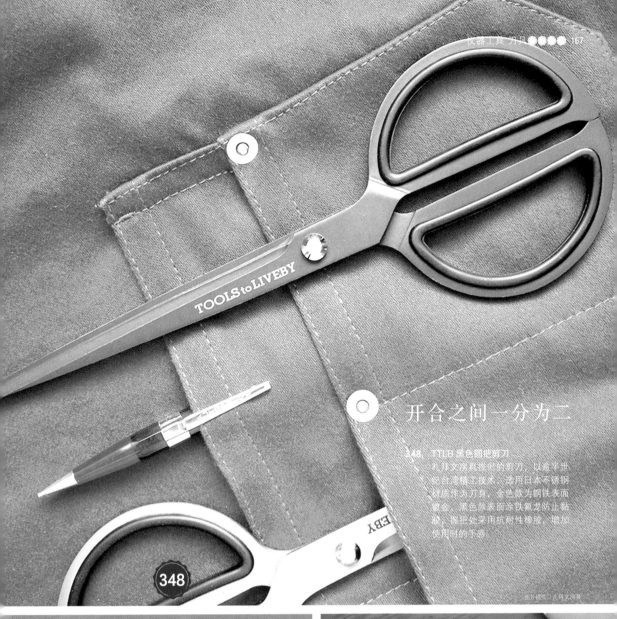

开合之间一分为二

348. TTLB 黑色圆把剪刀
礼拜文房具推出的剪刀，以逾半世
纪台湾精工技术，选用日本不锈钢
材质作为刀身，金色款为钢铁表面
镀金，黑色款表面涂铁氟龙防止黏
胶；握把处采用抗耐性橡胶，增加
使用时的手感

349. Lion Scissors Mimi 通用设计剪刀
Lion Scissors 公司推出的 Mimi 通用设计剪刀外型极富设计感，
握把可藉弹力让刀口张合，开放式握柄处加宽让剪刀可以在桌
面单手施力压握柄完成剪裁，并让握剪方式无所限制，附有锁
定刀口收合机制，是一把为所有人设计的通用设计剪刀，适合
手不方便的人士、高龄者等族群。

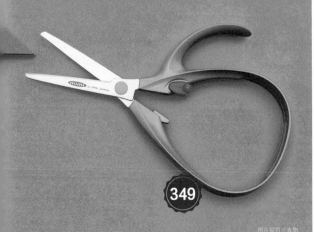

350. 元祖折叠剪刀
美国 Slip-N-Snip 生产的折迭收纳剪刀，因其设计最早推出、
被争相仿冒而被称为元祖折迭剪刀，也因为折起来像是眼镜
造型而有眼镜剪刀的昵称。剪刀本身以不锈钢制成，握把施
以电镀处理，有各种颜色与彩绘版本、塑料握把等版本，最
为经典的版本为无造作的初版外型。剪刀刀刃并未开锋磨利
相较安全，利用两片紧贴的金属片裁切纸张等物品，因易折
迭、好携带，因此获得救护人员及消防队员的偏爱，在钓鱼
人士之间也有很高的人气。

一刀剪去的潇洒

351. MERCHANT & MILLS
九寸平头安全剪刀
英国 Sheffield 制造，剪刀的两片刀身一片为尖头另一片为平、钝刀头组成，可防止裁减时剪刀对非裁减区域的刮损与伤害，适合用于剪裁大片布料与纸类。

352. MERCHANT & MILLS Wide Bow Scissors 小剪刀
全身以黑色不锈钢为材料，剪刀柄上印有品牌名，造型小巧古朴，适合放在笔袋里随身携带使用，随时拿来剪线头或是纸张都可以。

353. TTLB 金色圆把剪刀
礼拜文房具的自选商品圆把剪刀，以镭射雕刻了礼拜的 Logo，有雾黑与金色两款，附上剪刀套，两边半圆形手把成就一个完整的圆，塑料内层好握顺手。

354. MERCHANT & MILLS 十寸黑色布剪
英国 Sheffield 制造，刀刃镀铬并于把手上了黑色的釉，防腐蚀的加工保护刀刃的锋利，使用高等级的材质让裁减时能更精确与长久。

355. IZOLA 黄铜拆信刀 × 尺
IZOLA 首度开发的办公文具用品，即是名为 Ruled Letter Opener 的拆信刀，以黄铜合金制成而显现一分温润质感，刀缘经过裁切处理后，可以轻松拆封信件不伤手。而拆信刀的两面更分别划有 15cm 与 6 英寸的测量刻度，一面印着 "Break the rules" 字样，一面则为 Follow the rules。

356. TTLB 黑色九寸长刃剪刀
礼拜文房具推出的 TTLB 黑色九寸长刃剪刀，特长的刀刃设计方便裁剪较长距离的直线，适合剪报与打板使用，外层涂上一层铁氟龙具有防止残胶的功能。

351

352

353

354

355

356

让纸张完好粘贴、文件轻松整装的助手
黏着与装订工具

手工艺品制作与文书整理的常备用具。

黏着用品种类众多，细分为白胶、胶水、糨糊、口红胶与胶带等多种形式，多以具有黏性的天然树脂或聚乙烯醇制成。而与黏着用品同样有使物品之间可紧密附着之功用的装订工具，如订书机、回形针、长尾夹等，也是常见于书桌及办公场合的实用文具，用于固定、装帧文件与封口。

关键

黏着用品
有干、湿二种形态的黏着剂，使用后几乎能不留痕迹，胶带与双面胶则在使用上有不沾手的优势，有多种适合粘贴于不同材质的胶带，而今日广受女性消费者爱用的万用纸胶带，除了黏合功能，也可粘贴于手帐、笔记本等，具有讨喜的装饰效果。除了扎实的黏着力外，能否平顺地粘贴也是重点之一，而胶水的一次出水量若太多也会造成纸张产生皱折与粘贴不易。

装订工具

学生的讲义与考卷、办公人员堆积如山的文件……要将此类纸张分门别类地收纳与建档，则需仰赖装订工具的协助。其中订书机可以十分干脆地将层迭文件装订起来，即使正式场合也能使用，而回形针与各式夹子的优点即是可以在不伤害纸张的前提下装束文件，并能重复使用，除了传统造型的回形针与长尾夹，已有多种特殊造型的设计，装订之余也能兼具美观。订书机使用起来是否能够轻松省力是关键。

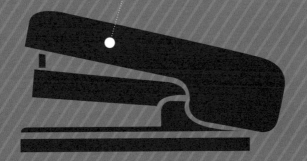

集中散落文件，
线圈里的造型变化

357. PENCO 盒装方便夹
不同于一般的簧片夹，装订和拆卸都得仰赖专门器具，PENCO 推出的方便夹改良了簧片结构，徒手即可拆装，不仅使用流程更为简便、也更加易于携带。共有两款，大型夹约60张纸，小型夹约可夹30张纸。

358. 鹿形回形针
鹿形回形针是日本古都奈良的老铺中川政七商店的特色商品，以当地奈良公园负盛名的鹿作为回形针造型，使用起来让人心情愉悦。

359. PENCO 复古金夹
一般大夹子主要都以银色为常见，此款金色大夹，颜色复古典雅，握柄拉长，增加按压的方便性，上头压印的倒三角设计也是复古味十足。

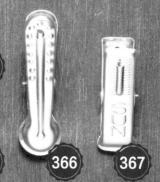

360. 透视长尾夹
去除所有"面"，只留下"框线"的镂空设计，以较少的材料量，达成更佳的视觉效果，就实用面而言，也漂亮地解决了长尾夹易遮蔽文件局部内容的缺点。

361. X-ACTO Bulldog Clips 斗牛犬金属夹
斗牛犬金属夹是颇受佳评的办公室用具。洗炼的曲面造型是本款金属夹最显著的特征，除了视感流畅，此构造亦提供金属夹更稳定的夹力，并使夹面受力均匀，有效地改善传统长尾夹容易在物品表面留下压痕的缺点。

362. TTLB 复刻黄铜回形针——OWL
复刻 1908 年欧美经典样式，夹于纸上会呈现双外卷圈，于细在线压印上品牌名称，非常细致的设计。

363. TTLB 复刻黄铜回形针——IDEAL
复刻 1902 年欧美经典样式，夹于纸上会呈现斜三角状，材质方面，有别如今常见的白铁或不锈钢，刻意选用黄铜。

364. TTLB 复刻黄铜回形针——NIAGARA
复刻 1897 年欧美经典样式，夹于纸上会呈现心形状，黄铜材质会随着时间逐渐氧化、褪成柔和的深铜色，更能贴近工业时代早期的物质风貌。

365. TTLB 复刻黄铜回形针——WEIS
复刻 1904 年欧美经典样式，夹于纸上会呈现正三角形状，近于今日的回形针样式。

366. 日本铝质复古夹——叶形
圆头状，上方由宽渐窄和颗粒状如蕨类叶子一般，造型优雅。

367. 日本铝质复古夹——SUN
字母压印款式，构造简明、全铝制，有着雾质的温润光泽。

368. 日本铝质复古夹——双凹槽
工业感浓厚，双凹槽和圆形凹槽设计，让平凡的长条状加入几何元素。

369. 日本铝质复古夹——S 扇形
面积最广，造型独特，中间凹陷的设计让整体看起来凹凸有致。

黏而不腻的纸张好伙伴

370. Gutenberg 经典玻璃瓶胶水
德国 Gutenberg 经典玻璃瓶胶水外型以铝制的盖子与古董玻璃瓶
身组成，胶水使用马铃薯淀粉、天然橡胶与水做成，特殊的软橡胶
嘴管设计，在纸张上按压后胶水就从细缝流出到扁平的软橡胶嘴管，
就像是在用自己的手指涂抹一样。

371. 不易糊工业株式会社新型胶水 -AG6
来自日本不易糊工业株式会社的这款新型胶水，特殊的阀门设计避
免胶水都不会溢出，在压头接触到纸张表面时阀门因压力向上收缩，
才能涂抹出胶水来，特殊的盖子设计只要单手就可以轻易打开或盖
上，平时可直立放在桌面上。

372. 不易糊工业株式会社 可爱动物胶水
日本不易糊工业株式会社推出的可爱动物
胶水，日本人称它为 Fueki 君，头与身体
衔接处转开后，身体部分是盖子，头部则
是盛装胶水的容器。

373. Coccoina 经典杏仁味 mia 白胶
意大利 Coccoina 推出的经典杏仁味 mia
白胶，以白色乙烯基胶浆，也就是我们俗
称的白胶为内容物，强调不含毒物，并以
Coccoina 传统的杏仁芳香融合其中，可
以理想的黏着于纸张、木头、布料等，小
巧的尺寸方便携带与收纳。

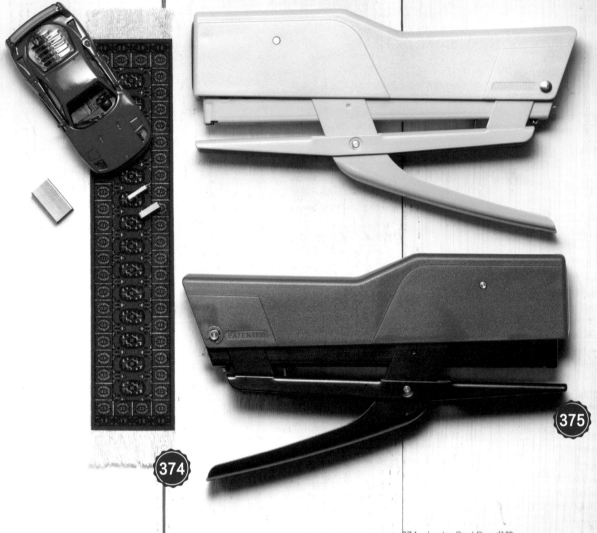

ZENITH

隽永而弥新的装订工具

ZENITH的产品设计一向简约、不刻意张扬花哨，
由此反而更能突显工具器械自身的质朴美感。

订书机品牌ZENITH隶属于1924年成立的文具老厂Balma, Capoduri
&C.。该公司旗下的另一知名品牌正是以杏仁糍糊闻名的
Coccoina。Balma, Capoduri & C.的产品线单纯，皆根据同款产品
改良、再更新。从长长的型号列表中，可以嗅出老厂牌的美学坚
持：专注制造特定几种产品，将它们的性能发展到极致，遂成为经
典。Balma, Capoduri & C.旗下的产品，至今仍然是欧洲的文具收
藏者们口中津津乐道的逸品。

374. Lextra BookRug 书签

书签纹样取材自博物馆馆藏，将 19 世
纪的波斯地毯于书签上重现。书签图案
并非以墨水印制，而是以立体纤维植像
技术，将各色纤维按地毯图案的色彩纹
理排序、再固定于底座，精准重现得波
斯地毯繁复的图纹。BookRug 书签触感
柔细、色泽耐久。

375. ZENITH 591 Stapler

这款事务用订书机是 ZENITH 系列中
的代表作。几何感强烈，用色简明，主
结构为金属，仅上盖更换为质轻坚固的
ABS 树脂。591 Stapler 最大的特点，
是其手钳式的握柄设计。相较于坊间一
般订书机、主要以拇指施力，手钳式握
柄的施力点在整个掌心，杠杆效果佳、
施力更为轻松。591 Stapler 一次可填入
200 支钉书针，以便应付用量庞大的场
合。

摄影©陈威文

藏在纸堆中的小浪漫

摄影◎白仪芳 **376**

摄影◎白仪芳 **377**

图片提供◎我的笔记本有限公司 BOOKDARTS 台湾区总代理 **378**

摄影◎白仪芳 **379**

376. DARUMA CLIP
品名意指"达摩玩偶／不倒翁"。日本的 DARUMA CLIP 使用特殊研发的高硬度纸板制成，作为纸夹、回形针、书签都十分合用。双环状的结构方便吊挂在墙上；单环的则可以在书从中轻易的拉出需要的书籍。共有红、蓝、黄、绿四种高饱和的颜色。

377. 月光庄 右手书签
经仿旧处理的古铜材质，铜线的粗细程度分量感十足，整个单品一体成形，利落中不失趣味。也可以是回形针、名片夹、钞票夹。角落处镌刻了月光庄的罗马拼音，更形细致内敛。

378. BOOK DARTS 薄疙瘩金属书签
美国品牌 BOOK DARTS，薄疙瘩最大的优点就是超级轻薄，夹入书页几乎不会留下任何恼人的压痕，也不影响书册的厚度。除了书签，薄疙瘩也很适合当作阅读标记使用。以圆饼状的小铁盒包装，共有金、银、铜三色。

379. KOLOS 锡制复古星座书签
在奥地利颇富盛名的锡制书签，以鲜艳色彩作为绑带的锡制书签，金白色的图样雕工精细，经过空气氧化呈现明确对比色泽，挂在书中不仅仅有实用功能，更是书柜上的美丽饰品。

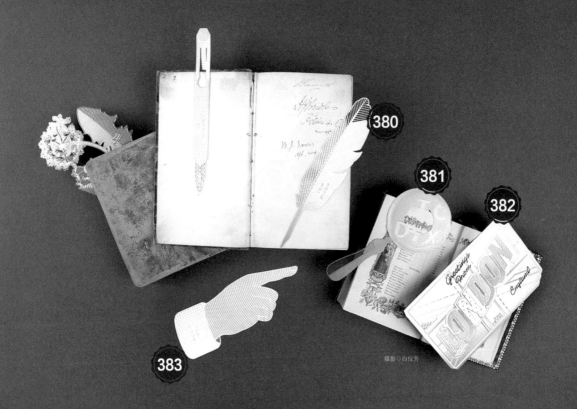

摄影◎白仪芳

Tom Dixon

精工趣味的金属书签

Tom Dixon Bookworm啃书虫书签，不同于我们一般对于书签的印象，
薄薄一片和趣味十足的模样让人印象深刻。

擅于玩创意的英国家饰品牌Tom Dixon，是来自于没有受过专业训练的品牌同明设计师Tom Dixon，靠着自学与对艺术的喜好，用颠覆的概念让传统对金属坚印厚实的形象转变为轻薄利落，像是一系列啃书虫书签属于Tom Dixon黄铜饰品的系列作，采用0.1cm厚的黄铜片，经雷射切割而成，表面布满精致的条纹、圆点等精密几何图样。

380. Tom Dixon 啃书虫书签——Quill
复古羽毛笔，以精致的雕刻制造羽毛的形状，笔尖也以侧面形状呈现，好似正在书写。

381. Tom Dixon 啃书虫书签——Magnifier
放大镜的设计，挖空中间部分，在阅读的同时也在探索书中的秘密。

382. Tom Dixon 啃书虫书签——LONDON
大大的 LONDON 如复古年代华丽城市的设计，巧思于每个字上面的精致雕刻，大器中又带点细腻。

383. Tom Dixon 啃书虫书签——Hand
像是在为读书的人指点迷津，手形书签上方切割为条纹状，袖子的部分则以凸出颗粒状，在袖口的部分又以镂空切割而成。

图片提供 ◎ MOT x nordic

装订黏着各异其趣

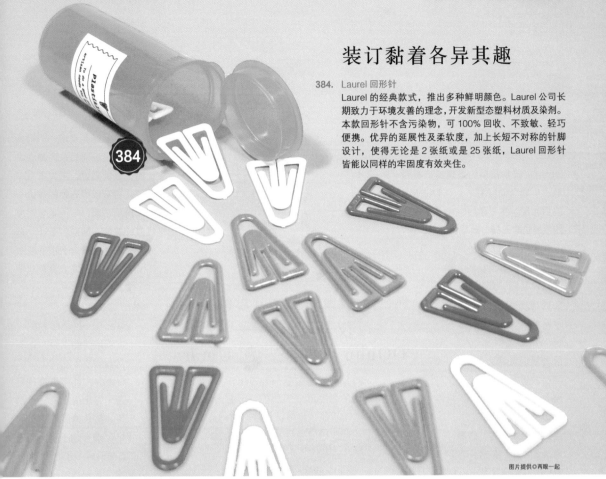

384. Laurel 回形针

Laurel 的经典款式，推出多种鲜明颜色。Laurel 公司长期致力于环境友善的理念，开发新型态塑料材质及染剂。本款回形针不含污染物，可 100% 回收、不致敏、轻巧便携。优异的延展性及柔软度，加上长短不对称的针脚设计，使得无论是 2 张纸或是 25 张纸，Laurel 回形针皆能以同样的牢固度有效夹住。

图片提供○两眼一起

385. 直线美小型胶带台

日本直线美推出的小型胶带台，携带版本的胶带台，让胶带切口呈现一直线，归功于其胶台的特殊切口设计，系列商品的桌上型胶带台也获得 2010 年的日本文具大赏。

图片提供○ SüSS Living

386. Dulton 小狗订书机

日本的 Dulton 原是家具品牌，以鲜明的金属风和工业风为主，颜色丰富，线条清新简练，经典的红色订书机，设计上采用如今少见的手钳式握柄，钉书针装填处则位于握柄之间，不仅外型古朴，操作亦更加省力。将订书机的外型想象作小狗的侧脸，幽默感十足。

随身携带或最常使用的仪器工具是?

Umar:较常使用的是螺旋机械铅笔(早期自动铅笔),与TAJIMA的钢卷尺。在画画的时候,发现螺旋机械铅笔比起自动笔更好用,原因在于现代自动笔的构造,弹簧用久了容易松脱,笔芯也容易断,所以反而会想再回去使用这种早前的自动笔。再来是TAJIMA的钢卷尺,因为我们常常会需要自己做道具、设计东西,跟一般的尺相比,钢卷尺的长度对我们来说才足够,结果用习惯之后,变成不论要量什么,甚至只是小小的东西都还是会用钢卷尺来量。

仪器工具这类的文具对你的意义?

Umar:增加作业性的方便,但比较特别的是,在接触文具这一块的时候,一开始想寻找特别的仪器工具、文具,其实会发现早期的设计除了外形上非常好看,它的功能性对我而言并不输现在的同性质的商品,像螺旋机械笔跟现代按压式的自动笔就是一个很好的代表。

选择仪器工具类的文具时的重点?

Umar:外形、配色上,会比较喜欢比较复古摩登的方向,同时也会开始找寻早期的样式,约20世纪50年代~70年代,但功能与便利性,就是要看个人的习惯了。而在使用

摩登复古的文具思维

仪器藏家——
OOuuu \ 两眼一起 Umar

将早期文具仪器带到现代,
对比的色彩形成强烈视觉印象,
两眼一起的Umar用设计师的语言,
像是总有新点子一般,
重译1970年代的美好年代。

文_邱子秦 图片提供_两眼一起

早期文具的时候还会发现一个很妙的事情,我发现以前的东西都会有黄金比例,举例来说,工作室有一个老柜子,它可以很巧妙的放进一些不同年份的东西,不论高度深度都是经过计算的,他们在设计之前一定都想过未来这个柜子要放些什么,这也是我喜欢早期文具的原因之一。

有没有一些绝版收藏、古董的仪器工具?相关的收藏故事?

Umar:目前手边只有两个停止生产的文具用品,都是类似笔筒类的用品,是我自己到英国逛市集的时候找到的,两个几乎是同年份的时代产物,产于1970年代,一个是桌面整理器可将信件做简易的整理,旁边可以放置一些文具用品,另一个则是金属柱形笔座,除了摩登的橙色我很喜欢之外,自己也测试过几乎一般会使用的文具都可以放入笔筒内,而且因为管状高低不同,可以做个简易的分类,非常方便。

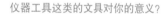

Umar

OOuuu \ 两眼一起工作室的设计师Umar和温温,特别喜欢道具、工具类型的文具,因此开始贩售从国外亲自挑选回来的文具,主打欧式复古。用设计师的角度,制造出独树一格的文具摄影。

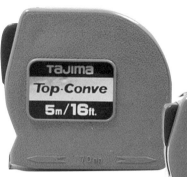

Umar 的经典文具 5+

387. TAJIMA 的钢卷尺

日本工业复古卷尺是具百年日本工业品牌《田岛工具》，有别于一般卷尺，外形上偏方正，配色上运用较为低调的配色，其拉开铁尺后也不会立刻收回，增加了便利性。

389. 桌面整理器

Umar 收藏的草绿色桌面整理器，既可以当作笔筒，也能兼具书架的功能。

391. Ripad 订书机

瑞典的 Ripad 订书机比一般市面上使用 10 号装针的订书机大小再略大一些，以手握式的方式，利用杠杆原理大幅减少装订时的力气，替换钉针的方式也运用了类似单车制动器的弹簧原理，提高了换钉针的方便性！

388. 现代主义柱形笔座

六个高度不一的圆柱组成的笔座，于 1970 年代出产，设计发想起源于《印第安纳波利斯博物馆》馆内的一件艺术收藏品，造型活泼，当时即因其现代主义的设计而风靡欧洲，而此款为塑料复刻版本。

390. AutoPoint 螺旋机械笔

螺旋机械笔复古的外型在操作使用时也别具独特感受，对比的配色和简单的结构，比起市面上的现代自动铅笔故障率较低。

CONTAINER
收 纳 用 具

空间改造魔法
收纳用具

有条理地收纳让空间更宽敞，寻找物品也不再是恼人的难题。

无论是居家空间或者办公场所，都需要借由收纳技巧让室内空间于视觉上更显整洁舒适，其中又以每人每天平均花最多时间于此的书桌最需要收纳。从笔类、标尺等文房具，到文件、书报杂志等纸类物品，若能为这些为数众多且占据桌面与书架不少空间的物品，找到最合宜的容纳器具，便能创造出利落同时兼具设计感的工作环境，让人在愉快的心情下效率办事。

关键

笔袋／盒
容纳量的多寡适用不同书写习惯的使用者，小型笔袋容纳量虽少，对习惯使用特定几支笔的书写者而言却已足够。

收纳袋／盒

无论是笔筒、活页夹或收纳盒，都需要经过细心规划，才能设计出井然有序的收纳空间。良好的隔间设计能让文房具与物品分门别类地摆放在恰当的位置，因此也是促成收纳用具之实用性的关键。

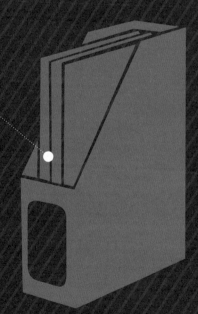

低调质感的收纳精品

392. Kaweco 皮革笔袋
德国的 Kaweco 笔袋，小巧的外型
专属于，挂上 Logo 吊牌更显质感。

393. LIFE 墨色牛皮笔袋
侧开式复古钮扣，以铜色带出仿旧
感，保有 LIFE 一贯的优雅气质。

394. LIFE 黑色牛皮笔袋
直开复古款式笔袋，可开大口，寻
找文具时一目了然。

395

396

397

395. DUX 黄铜削铅笔器
可调整三段不同的笔尖模式，附专
属皮套，皮套钮扣可上下对开，拿
取方便。

396. MIDORI 黄铜尺及黄铜笔盒
日本大牌 MIDORI 黄铜尺及黄铜笔
盒，呈自然色泽，耐看沉稳。

397. 赛璐珞笔盒
特殊玳瑁花色的赛璐珞材质笔盒，
触感温润，材质轻薄，可以被微生
物分解回归土壤。

eslite × PEGACASA

品味书桌上的科技

以信笺专用文具起家的法国知名品牌，
让书信成为最具质感与浪漫的事。

PEGACASA MINI MUSEUM系列的品位风格家饰与随身精品，是以微型博物馆的概念，将每一件桌上文具都当成馆藏的艺术品，经过精密的计算，结合科技材质，创造一系列有如"桌上的微型建筑"般的文具。创新复合质材技术，是诚品与和硕为结合传统产业与现代科技跨界合作所开创的精品，每一款物件兼具精准琢磨的设计与细节极致的美感。

Stationery Cube Tray Set 文具托盘组以几何构成，包含：

398. 笔筒
方形结构，摆放于桌面大小适中。

399. 笔座
共有三个插孔，适合放置常用的笔款。

400. 名片台
以木头结合金属，让名片不因金属材质受到损伤，整体造型相当精致且简约。

HERMÈS
最优美的西方工艺家

HERMÈS用刻划永恒的态度，使人不觉通过动人的触感、笔尖，
在纸上、笔记簿上纪录每个生活的当下，
也优雅得将他们收拢在盒中。

于1837年由马具起家的爱马仕，最为人知的是顶级皮件，来自马
车时代的渊源传统，除了大家耳熟能详的手袋外，一针一线的扎实
工艺和低调内敛的品位，也运用在文具用品及记事本上。爱马仕自
1930年起即制作了一系列手工缝制的皮革记事本，在其公司里，不
论是总裁、艺术总监、设计师、甚至到皮革工匠，人人随身都会有
一本记事本，里头是他们亲笔写下的点滴纪录，或许是下一趟的出
差行程、或许是偶然来的灵感思绪，或许是缝制某款皮包时该注意
的细节。而其他一系列的文具用品，玫瑰木制成的收纳盒、笔筒或
者皮套，都将皮革运用得淋漓尽致，优雅而坚韧。

401. HERMÈS 原木双层文具盒
以玫瑰木制成，拉把的部分使用皮革，每个
间格可以分类放置文具。

402. HERMÈS 羊皮编织铅笔
通过手工编织完成，由于使用传统鞣革技术，
每一支羊皮笔的皮革色泽略有不同。

403. HERMÈS 双色皮革书签
趣味的图案印于成熟温润皮革上，颇具冲突
美感。

404. HERMÈS 木头笔筒
不同于一般笔筒刚硬的形象，以浅色皮革包
裹在外围增添柔软气质。

405. HERMÈS 红色羊皮笔记本及年度内页
每年补充内页的封面以当年度主题为设计。

406. HERMÈS 橘色兔子皮革摆饰

407. HERMÈS 皮套及扑克牌组

408. HERMÈS 木头马纸镇

409. HERMÈS 记忆游戏纸牌

HAY
北欧设计的独有纯粹

虽然成立时间不长，
HAY仍以北欧式的简洁与实用性特色，
设计出多款畅销商品而成为
丹麦的设计指标之一。

2002年创立的丹麦品牌HAY，以设计居家与文具用品为主，强调通过20世纪50年代～60年代的设计元素与风格之重组，为丹麦的居家空间注入创新设计与轻松氛围。HAY 出产的文具时常以简洁的几何线条与活泼鲜明的色彩相搭配，每个产品之间虽有各自不同的设计，却能创造出一个整体风格十分完整的桌上文具组合。

410

图片提供© DESIGN BUTIK

410. HAY Kaleido 万花筒之星置物皿
Kaleido取自万花筒与七巧板的设计概念，由几个大小不等之几何色块置物皿组成，使用者可以发挥创意拼凑出各种形式的置物空间，适合在居家或办公场合中作为收纳盘使用，同时也是空间摆设的一种。

411. HAY Box Box Desktop 好盒收纳盒
好盒由七个不同尺寸的收纳纸盒组成，结构坚固可存放重物，可以将书桌与书架上的物品分门别类收纳，柔和的色调也为空间打造出有条不紊的清爽舒适感。不使用时能以"俄罗斯娃娃"的收纳方式——藏进大盒中，避免空间浪费。

411

图片提供© DESIGN BUTIK

TRUSCO
超实用工业风收纳箱

粗旷又细腻的TRUSCO工业风收纳箱，整体使用汽车烤漆，金属光泽大器而别致，而一些边角的设计能让箱子与箱子彼此堆栈，非常贴心。

日本TRUSCO为日本专业的工具公司，生产重机具之外，标榜"成为日本生产力的最佳助手"理念，以耐用、机能性的设计质感，积极地提供专业人士更优质的工业器具。全金属材质制成，质量轻，小尺寸适合收纳各种小型文具与居家小物。

412. TRUSCO 大型工具箱
两侧有把手，单独摆放时可以移至两边，东西繁多时则能将把手转回箱内，作为上迭一层的支力点。而湖水绿的烤漆轻盈了大型工具箱带来的沉重。

413. TRUSCO 斜面文件箱
可把文件置于各箱内，即使堆栈起来也能轻易地找到需要的文件，斜面造型也增添了不同于其他款式的活泼设计。

414. TRUSCO 长方大型工具箱
此款属于 Trusco 中最大型的箱子，因此两侧的把提采用平面设计，在作为堆叠支力时能够有更大的承载面积。

415. TRUSCO 工业收纳箱
收纳盒，用途广泛，适合作为铅笔盒使用，或摆放信件纸条等，也可以作为长型居家工具如螺丝起子的收纳箱，掀盖式以卷起的金属片作为把手。四角的凹槽也能无限堆栈箱子，彼此紧扣。

416. TRUSCO 手提式工具箱
摆在地上也方便提起的工具箱，适合收纳不常使用的工具、文具，扣环式的盒盖让人能利落盖起也能一目了然箱内的东西。

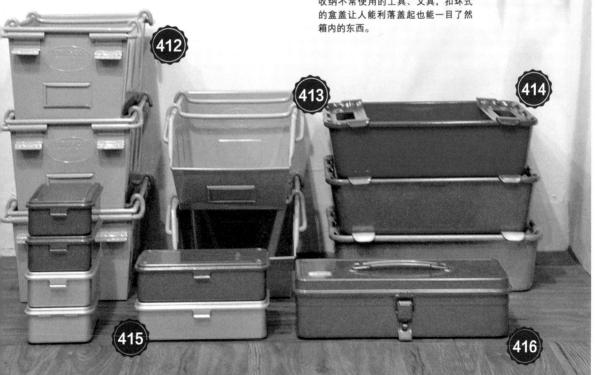

417. NAHE 收纳包（小）

立体方形的收纳包，以金色的拉链搭配塑料材质让质感提升许多，前方透明一片，可以一目了然里面所摆放的东西。

418. NAHE 七层万用袋

信封造型的塑料万用袋，内部设有七层口袋可收纳各式文件，透明的内袋设计方便使用者在寻找文件时可一目了然。

419. NAHE 横式万用袋

小巧平扁的横式万用收纳袋，可当作笔袋使用，万用袋背面的夹层则能收纳纸张，压扣式的设计简清便利。

420. NAHE 直式收纳袋

直式收纳袋以单一物品的放置较为适合，像是 ipad、笔记本或者分散的纸张，兼具保护与收纳的功能。

421. NAHE 万用袋

相较于 NAHE 横式万用袋，此款较大的万用袋以 1:2 的比例作分割，可同时放置笔记本和笔具，相当分明清晰。

422. NAHE 收纳包（大）

立体方形的大型收纳包，可收纳大型的文具，诸如笔记本、笔袋可装在一起方便携带。

HIGHTIDE/NAHE
可以一眼看穿的收纳袋

NAHE注重产品的功能性，创造出色彩缤纷的各种收纳可能。

日本文具大牌HIGHTIDE以出产设计感与机能性兼具的文房具为主，根据时下的潮流趋势，从可爱风到复古质感风，从日志、文具到皮革配件，将大人梦寐以求的文具化为实体的质感物品，HIGHTIDE除了自家品牌外，另有多个主打不同风格与产品路线的旗下品牌。包括 PENCO、NAHE，许多日本知名文具品牌如MOOMIN，亦为 HIGHTIDE 的旗下品牌。

其中NAHE在德语有"在身边"的意思，主打设计简单利落、配色活泼的收纳配件，如档案夹与收纳袋等，因以轻巧与易于携带为产品调性而取其名。NAHE的收纳袋以PVC材质制成，质地柔软可弯折，可以作为平板计算机的收纳袋，或置入各式文件与随身小物，透明的收纳空间让使用者可以清楚内容物的配置。

TEMBEA
极简帆布书袋

TEMBEA的产品不以时尚流行为标杆，
因此不会有过季不流行的问题。

TEMBEA是来自日本东京的帆布包品牌，由设计师早崎笃史创立，品牌名称取自非洲语并有"放浪"（浪迹天涯）之意。其布包通常不随时下流行的趋势而设计，而是以消除人们惯于加诸物品的卷标与刻板印象为品牌宗旨，创造出不特别强调某种品牌形象，反而着重功能性与泛用性的包款，也因此其产品设计十分多元，且有各自主打的功能。

TEMBEA的书袋仍不脱品牌一贯的简约与实用设计，以各种耐看的颜色与帆布包结合，搭配足够容纳多本杂志书籍的空间设计，并在侧边加上提手，提高移动书袋时的便利性。

423

PEACE
和平鸽台湾经典文具

复古简约的造型，是传承百年的经典。

台湾经典文具品牌——和平鸽（PEACE）办公用品，是1965年成立的文苑贸易有限公司旗下品牌之一。文苑贸易的历史背景，传承了约清朝时期创立有110年历史的文具公司《漱竹居》，在昭和14年～15年（1939～1940年）间在正式成立《漱竹居洋纸店》，在后期就开始陆续代理一些日本的文具品牌，范围更遍及全台湾。

424. LION Tape Dispenser 胶带切割器
来自 1972 年成立于日本大阪的《狮子办公用品企业》，材质由加厚钢板制成，中心滚轴，双刀样式，可自由切换方向。

425. PEACE 铁制三层公文柜
以桌上形公文柜为例，市面上已鲜少见到，整座是用钢铁制成，虽是以较冷艳材质制成，却搭配千草色的柔和色调，似乎缓和办公室里严肃的氛围，其外观造型，方正不掺杂多余的线条，也因为材质的关系，在每层向上拉起展开，都着实很有分量，就像是一个微型的机械物品。

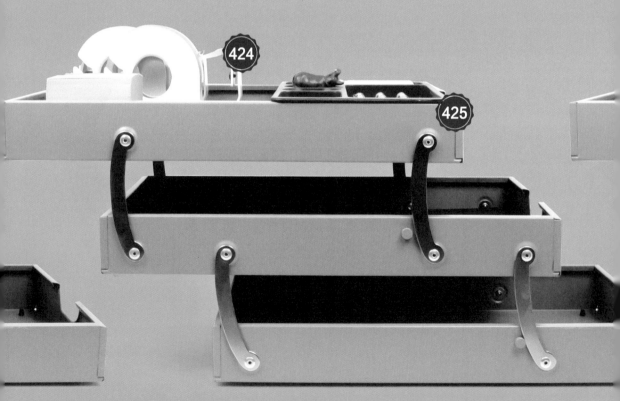

ferm LIVING
以屋为核心的温暖物品

温暖的色彩以及温柔的材质，
即使是黄铜ferm LIVING都用一贯的方式呈现，
雾面的样子暖化了金属的锋利。

以斯堪的那维亚的传统风格用心打造出舒适家
饰与实用物品，ferm LIVING是平面设计师Trine
Andersen于2005年创立的丹麦居家风格品牌，
并以小鸟作为品牌Logo的一部分。其产品设计
范围十分广泛，以壁纸设计作为品牌起点，到
今天已发展出装饰物、纺织品与收纳用具等适
用于居家与办公场所的相关用品，并且首选以
可永续利用的有机材料，善于利用木头、有机
棉、黄铜等多种素材制造各式产品。而在设计
风格上，时常选择舒服、不抢眼的颜色与简单
的图案作为产品样式，为品牌调性营造出独属
北欧的居家氛围。

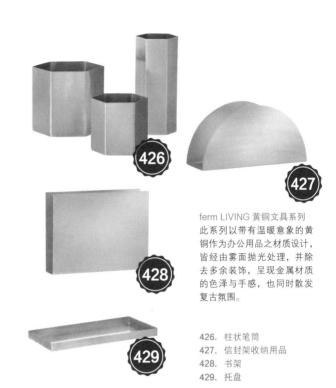

ferm LIVING 黄铜文具系列
此系列以带有温暖意象的黄
铜作为办公用品之材质设计，
皆经由雾面抛光处理，并除
去多余装饰，呈现金属材质
的色泽与手感，也同时散发
复古氛围。

426. 柱状笔筒
427. 信封架收纳用品
428. 书架
429. 托盘

图片提供© DESIGN.BUTIK

拼装组合的桌上收纳

图片提供○ familybook 430

图片提供○ MOT × nordic 431

图片提供○ 一郎木创 432

图片提供○ GREEN IDEA 433

图片提供○ GREEN IDEA 434

430. ideaco W+W 实木系列
小型的木制置物架，同时结合手机座、备忘板与杯架等多种功能，站立式的备忘板可让备忘项目一目了然，也同时设有 iPhone 的充电线收纳孔，外形设计简单却不失机能性，并搭配陶瓷马克杯与杯垫，为收纳工具打造温润形象，而没有多余的设计才是最美的，是 ideaco 一贯的理念。

431. Essey Pen Pen 皱皱笔筒
丹麦品牌 Essey 的招牌作品 Bin Bin 大型纸篓之延伸设计，长达 10cm 的口径足以容纳多支笔具与相关用品，造型特殊如被一团捏皱的纸，可与内部容纳的笔相呼应。

433. GREEN IDEA 水泥风化石纹置物筒
利用环保材质的水泥，搭配上风化石纹路的置物筒，独特的触感不同于一般水泥坚硬平滑，实用与美感兼具，是置物的好帮手。

432. 一郎木创心持木收纳箱
由工房老师傅以天然桧木制成，无化学染色或上漆，低碳设计也保留木头的原色、原味与质感，并有三种尺寸设计可存放各类物品。

434. GREEN IDEA 水泥木纹置物筒
以水泥材质作变化的置物筒，不论是放置笔具或者标尺工具都非常合适。

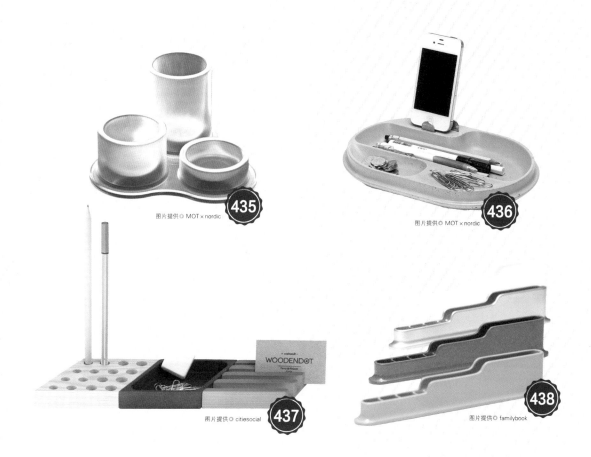

图片提供 ◎ MOT × nordic **435**

图片提供 ◎ MOT × nordic **436**

图片提供 ◎ citiesocial **437**

图片提供 ◎ familybook **438**

435. MAGIS 123 小物收纳筒
三个高低不同的圆柱状收纳筒，由擅于运用塑料设计产品的品牌 MAGIS 推出，以 ABS 塑料制作出造型简单的收纳用具，易于清洁，而精密计算过的高低设计让用途更为广泛，能收纳各种文具与居家用品。

436. mensch made 有条理水泥置物盘
德国品牌 mensch made 手工制作的桌上置物盘，选材上以高性能混凝土制作，有着高度稳定性、抗渗性与抗压的特质，没有多余的加工处理，保留水泥制品的切面气孔，外形如实呈现素材原貌而倍显质朴。置物盘面上设有大小格的收纳平台以及隐形磁盘，可吸住回形针与放置各类用品，另有三个孔洞可放入硬币，即成为手机置放架，设计上同时兼备功能性与实用性。

437. Woodendot Kesito 桌面收纳木盒
来自西班牙木工大师设计的桌上收纳组合，由三块分别有着不同功能的菱形实心松木组成，可以插置铅笔、手机，也能陈列名片与收纳回形针等文具，使用者可以依照心情排列出各种形式的组合。

438. ideaco Hills 桌面小丘陵
1989 年成立于日本大阪的品牌 ideaco & associates，作品广见于各大杂志，曾获得世界三大设计奖之一的日本 Good Design 大赏，此款桌上型收纳用品设计成简单利落的丘陵状，有着高低与大小不同的孔洞设计，可以收纳各种大小的文具，也能放置智能手机，底部另有贴心防滑设计。

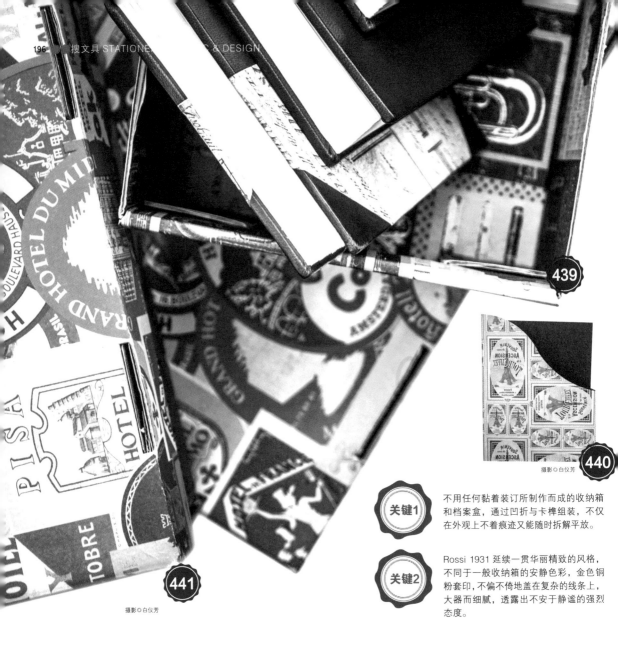

439

440

摄影◎白仪芳

441

摄影◎白仪芳

关键1　不用任何黏着装订所制作而成的收纳箱和档案盒，通过凹折与卡榫组装，不仅在外观上不着痕迹又能随时拆解平放。

关键2　Rossi 1931延续一贯华丽精致的风格，不同于一般收纳箱的安静色彩，金色铜粉套印，不偏不倚地盖在复杂的线条上，大器而细腻，透露出不安于静谧的强烈态度。

Rossi 1931
华丽的佛罗伦萨工艺

以精致印刷著称的Rossi 1931，
将它完美的工法再现于立体收纳箱。

意大利佛罗伦萨的Rossi 1931，生产多样化的文化工艺用纸品。经过多年生产技术与设计的研发改良，Rossi的纸制品不断推陈出新，但不变的是始终坚持100%在意大利设计与生产，且视提供高质量纸品为唯一。将纸法技术延伸到收纳箱上，艺术性十足得质感华丽。

439. Rossi 1931 乐器图腾收纳箱
沉静的米白色配上黑色，既古典也华丽。

440. Rossi 1931 巴黎铁塔档案盒
方便抽取文件的斜面设计，不以平直而是用弧状带出它优雅的特质。

441. Rossi 1931 海天游踪收纳箱
鲜艳色彩如辉张图腾的堆叠，金粉更是让整体屡次分明。

各式材质的笔具收纳

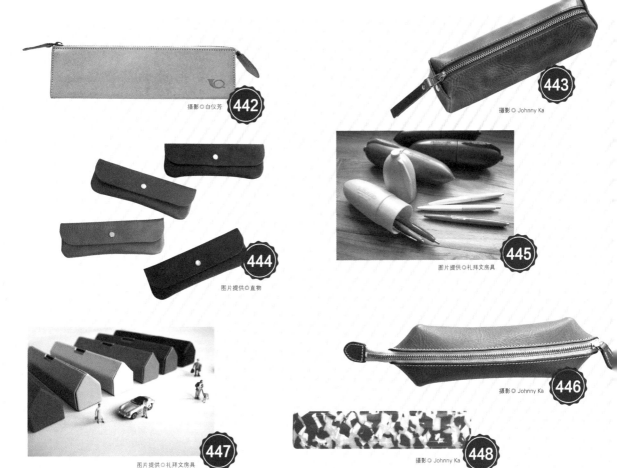

摄影 © 白仪芳 **442**

443 摄影 © Johnny Ka

444 图片提供 © 直物

445 图片提供 © 礼拜文房具

446 摄影 © Johnny Ka

447 图片提供 © 礼拜文房具

448 摄影 © Johnny Ka

---

442. 月光庄皮革铅笔盒
原色皮革制成的铅笔袋，刻有小巧的月光庄品牌 Logo，立体三角状可容纳多支笔，随使用时间拉长会变换皮革色泽与触感。

445. PENCO 胖胖笔盒
以 PENCO 的圆珠笔为设计概念，创造出外形圆润讨喜的塑料笔盒，造型独特，搭配缤纷的饱和色彩，为桌上景色注入活泼气氛。

446. ANDADURA 皮革笔袋
日本文具店穗高株式会社 Kakimori 里贩卖，由老板广赖的朋友 ANDADURA 所制作，ANDADURA 原意为行走，在他的一人工作室中，设计师手工制作着典雅的皮革笔袋。

443. MUCU TOOL CASE
日本品牌 MUCU 的老板兼设计师榎本自己也使用的工具袋，选择耐磨的高级牛油皮，从素材出发不加装饰的理念，整体呈现古朴风味，拿来当笔袋也很适合。

447. HIGHTIDE/Pen & HouseE 笔盒
Pen & House 为德国当代设计大师 Dieter Rams 与 HIGHTIDE 合作推出的笔盒，以房子为设计主轴，外部为人造皮革材质，内里则铺设高质感绒布，象征笔具终将回归于此的处所，亦可作为纸镇使用。质朴的整体设计完全体现 Dieter Rams 主张的"以简洁取代繁琐"的设计理念。

444. DURAM 真皮笔袋
信封式皮革笔袋，采黄铜钮扣开阖设计，造型素雅、质地柔软，可容纳 5 ~ 6 支笔。由日本九州岛西北部半岛上的一家小型皮革工房 DURAM 制造，以友善对待环境的方式生产，因注重制品质量，皆为少量生产。

448. 赛璐珞笔盒
于东京葛饰区所制作，日式锦鲤悠游色彩是以富变化的赛璐珞制成，每个都会形成不同的特殊纹路，光线通过所折射出的光线透亮，而由于主要原料是樟脑，因此带点特殊的气味。

随身携带、最常使用或心目中最无可取代的文具？为什么？在什么时机会使用？

土桥 正（后简称土桥）：IDEA piece。它和ASHFORD合作的真皮手帐，大小和名片差不多，并附有铅笔。我常常会放在裤子左后方的口袋，灵感一来时就会立刻拿起来记录。不论散步或是搭电车时都可能会突然灵光一闪，如果不马上将灵感化为文字，可能会立刻忘记，因此我都记在手帐里。商品名称"piece"是拼图的"碎片"，也就是记录我的"灵感碎片"的工具。

带来幸福感的文具，喜爱与收纳
文具评论家——土桥 正

因为一天之中有太多时后是文具在陪伴着我们，因此曾举办过日本文具展也担任过诸多文具店顾问的日本文具评论家土桥正，认为只要将自己喜爱的文具握在手中，即使疲倦也能立刻充满元气，生活也变得丰富美好。

文_土桥 正、邱子秦 翻译_吴旻蓁
图片提供_土桥 正

文具对你有什么样的意义？

土桥：协助我"思考"的重要工具，尤其是笔和纸都能将我脑中所想的事具体化。我在思考时一定会将文具拿在手上，而不是坐在计算机前，把脑中的想法写在纸上，然后用眼睛看，通过视觉的刺激可能会产生新点子，再将其记录下来。对我来说思考就是重复上述的过程。

450. 土桥收藏的德国 USUS 多色色铅笔。

有没有一些绝版收藏、古董的文具收藏？相关的收藏故事？

土桥：USUS的多色色铅笔。这是别人送我的，听说是50年前德国制的产品。（与现在德国的USUS是完全不同的品牌）只要转动笔身，就会陆续出现黑、红、蓝、绿色的色铅笔，至今在使用上仍是毫无问题。

挑选文具时的重点？注重实用还是工艺设计？

土桥：我挑选文具时有下列五项标准：1.设计感；2.机能性；3.耐久性；4.合理价；5.幸福感。虽然设计感和机能性都很重要，但我觉得首先必须要实用，只要好用，设计自然也会慢慢变好。

449. IDEA piece 和 ASHFORD 合作的真皮手帐，小小一本经过使用会呈现个人独有的色泽。

土桥的经典文具 5+

451. 月光庄素描本

以月光庄素描本代替笔记本，在构思工作的企划或是原稿时使用，目前已经用了 34 本。纸面上是间隔 1cm 的点阵圆点，能够帮助思考，无论是写字、画图都很方便。横线笔记本适合写字，但要画图就有点困难。不知道是不是只有我会这样，面对横线笔记本时"思考会变得文字化"，只有月光庄的素描本可以让我尽情发挥。

453. POSTALCO 绕线文件袋

用来收纳我目前的工作资料。原稿、企划书对我而言非常重要，而我认为重要的数据就该放在相称的高级文件袋中，而不是一般的文件夹。这个文件袋我用了将近 10 年，岁月的痕迹更显现出它的特色。

454. LAMY 2000 自动铅笔

我常用 0.7mm 和 0.5mm 的笔芯。0.7mm 的笔芯是用在刚刚提到的素描本记事上，笔芯较粗，可以用力书写，确实记录下自己的构想。另一方面，0.5mm 的笔芯是用来写行程管理用的手帐。我都使用只有月历的手帐，因为书写空间不大，因此 0.5mm 的笔芯就能派上用场。LAMY2000 的利落设计十分迷人，虽然也有钢笔或是原子笔的款式，但我最中意的还是自动铅笔的设计。

452. FA

我写稿时一定使用钢笔，常用的就是这一款。笔身较大，能贴紧我的手，书写起来非常均衡好写。因为我非常钟爱这款，所以收藏了三枝，笔尖分别是 EF（极细）、WA、FA。

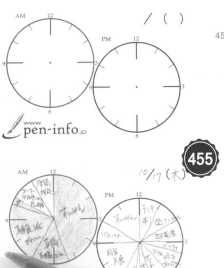

455. Pen-info.jp 时钟型 ToDo 管理便利贴

我所构想出的时间管理工具，写下每天的行程和待办事项以便管理。在时钟的文字盘中可以自行加上预计需要的时间，比写在手帐上还要一清二楚。每个人都很熟悉时钟，因此能以直觉来安排行程，加上设计成便利贴，无论是贴在计算机还是记事本上都非常方便。

最常使用的笔袋

我工作中常用的钢笔都收在 cyproduct 的笔袋中。其他的笔或文具会放在 POSTALCO 的工具袋。其实我的办公桌并没有抽屉，我都将这个工具袋当作抽屉来使用。毕竟工作上需要的笔及文具并没有那么多，如果放太多文具在桌上，反而很难找到要用的文具，会造成工作上的困扰。因此我将所需文具精简化，只放必要的物品在手边。

笔袋、笔筒与收纳盒
★ Special plus + ★
土桥的文具收纳术

拥有了这么多文具，或者收藏或者实用，怎么样才能够灵活运用收纳让每个文具得以保存它的魅力，最常用的笔要放在哪里？收藏用的钢笔又该如何摆放？不论是材质、功能都是考虑的重点，让土桥来施展整齐而清爽的文具收纳术！

文_土桥 正、邱子秦 翻译_吴旻蓁
图片提供_土桥 正

456. 日本设计师品牌 cyproduct，斋藤义幸的手工牛皮绑绳笔袋。

458. 软皮袋可以收纳大量的笔，也能形成保护不受撞击。

关键

笔袋

收纳钢笔的笔袋绝不拿来放金属文具，因为可能会刮伤重要的钢笔。此外，挑选有一枝枝独立收纳空间的笔袋是保护笔的重点。而能永久使用是挑选的另一个重点，因为钢笔可以使用 10 年以上，所以希望收纳的笔袋也能如此。其他笔袋的挑选重点则是大小，如果收纳空间过大，就会放进不必要的物品。此外，放在笔袋中能清楚看见收纳的物品，更方便取用。

457. POSTALCO 的工具袋有着日本职人手作的素朴雅致，源于设计师为太太制作的爱心收纳袋，避免过度加工的天然材质原味。

特别的收纳袋

工作中不常用但我喜欢的笔都会放在大型笔袋中保管，清楚区分每一支笔的收纳空间，能够立刻找到需要的笔。我有四个之前某间厂商送我的笔袋。而平常没有在用的钢笔我是放在自己书房的抽屉中，摆放在笔盒中进行保管。

459. 利用展示收纳盒摆放不常使用的钢笔，不仅能保持钢笔不受损，更能清楚找到每一支笔。

最常使用的笔筒和收纳盒

CARL 事务用工具立箱。这一款可以将笔斜插着收纳，我将这个摆在书房代替笔筒使用。每一枝笔都有固定的摆放场所，用完后我一定会放回同一个位置，需要时就能立刻取用。我并没有放太多笔在工具立箱中，大概只有 20 支左右，我觉得这样的数量刚刚好。实际上需要的笔本来就没有那么多，这样也不会有犹豫要用哪支或是找笔的问题。另一个则是 SQUAMA PANTA，放在工作室的办公桌上，作为数据立台来使用。角度约为 12 度，可以直接摆放活页夹或是文件，需要的时候能立即取用。直接将文件放在桌上很占位置，如此一来就能有效利用办公桌的空间。

460. 日本文具老品牌 CARL 的事务用工具立箱。

461. SQUAMA PANTA 的资料立台。

土桥 正

在举办文具展的"ISOT"事务局工作后，成立土桥正事务所。协助海内外文具厂商的商品企划、宣传，以及文具店、文具卖场的规划。也自行发行文具电子报"文具的享乐时刻"，除了文具的专栏外，还会介绍海外的文具展展览情况。另外也参与企划报章杂志的文具特辑，目前撰写过的文具专栏有 500 个以上。着有《文具上手》、《文具的流仪 长销的哲学》、《提升工作效率的魔法文具》和《就是想要的文具》。认为书写的瞬间，与纸共谱的乐章给予的五感刺激是着迷于文具的最大原因。www.pen-info.jp

關鍵

笔筒和收纳盒

首先看的是能否立刻取用需要的文具。工作时脑中常常会想着各式各样的事，不希望因为要找东西打断自己的思绪。只要能立刻拿到自己需要的物品，就能提供工作效率。平常没有在用的钢笔放在自己书房的抽屉中、摆放在笔盒中进行保管。

462. 土桥的办公桌及文件的整理收纳书《少少东西快活工作 从文件山中解脱的极简主义整理法》。

特别的收纳用具

备用的便利贴和笔我都放在小纸箱，这是在德国文具店买到的"Mail box"。我不会将纸箱放在桌子上，而是直立摆放于离办公桌有一点距离的书架上。因为目前并不需要，等目前使用的便利贴用完时，才会从纸箱中取出备用的。

463. 土桥在德国文具店买的 Mail box 收纳纸盒。

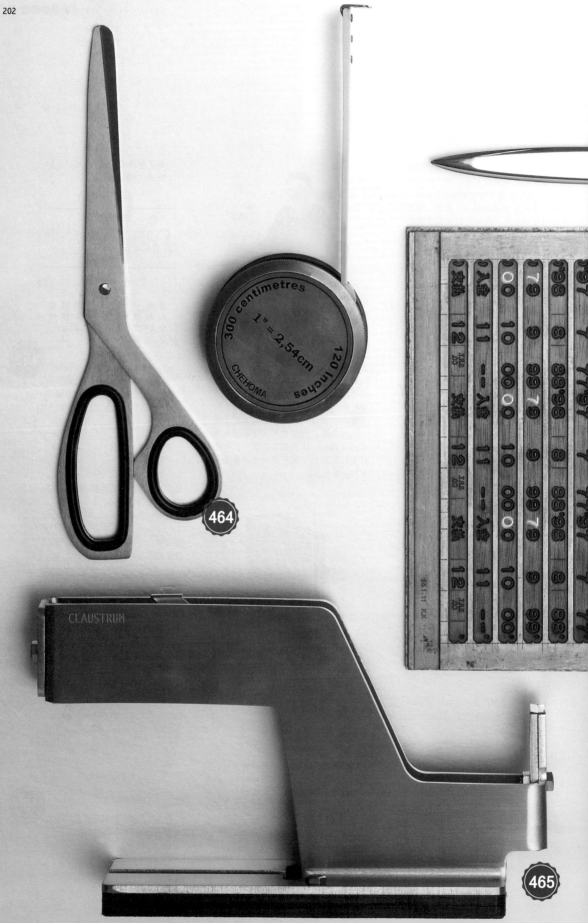

300 centimetres
1" = 2,54cm
120 1inches
CHEHOMA

464

CLAUSTRUM

465

揭 文 具
S T A T I O N E R Y
D E S I G N E R

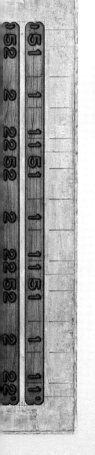

466

467

464. HAY Scissor双色剪刀
丹麦品牌 HAY 生产的剪刀 Scissor 系列，共有两种款式可供选择，图中以不锈钢材质镀上黄铜与消光的全黑版本。这把 HAY 品牌经典剪刀具备耐用和美观的质量，附塑料的手握内衬也能提升使用时的舒适感。

465. CLAUSTRUM胶台
由东京铁器职人团队制作的日本 CLAUSTRUM 胶台以线条简洁利落、金属的表面质感引人耳目一新，阳刚味十足的胶带台以不锈钢制作，可供单手操作，2cm 宽度内不管直径大小皆可适用。

466. DUX铝制削铅笔器
德国 DUX 自 1908 年创业以来专门设计与制造削铅笔器，此款铝制削笔器系列为其经典代表作，小巧又利于携带的单孔削笔器配合德国制的刀片，除方便携带使用时能够轻松削尖笔尖。

467. Coccoina杏仁糨糊
Coccoina 糨糊以吸引人的复古铁盒包装，配上蓝白配色书写体 Logo，盖子上打凸字体与花边图案，配置有专用刷子，所有糨糊皆无毒、可食用，打开盖子即可闻到扑鼻的杏仁味。

摄影 © Anew-Chen

Stationery Designer

温暖人心的铸铜文具
文具设计师 大治将典

黄铜，凛冽无光泽的金属，低调排列在金银之后，在"大治将典"的温醇设计之下，呈现给人们的却是令人爱不释手而充满温暖的金属文具物件。黄铜在日文里有着非常美丽的名字："真鍮"，随经久使用而出现青瑕变化的铸铜，表现出如其名般瑕不掩瑜的风采，也是当今最受日本设计师们青睐的金属材质。

什么是你开始设计文具的契机？

大治将典（后简称大治）： 是从FUTAGAMI的商品"开瓶器、锅垫"等厨房用物开始的，后来才运用FUTAGAMI独特的铸铜材质设计出文具用品。

谈谈与FUTAGAMI合作的故事？设计黄铜文具的灵感来源？

大治： 日本富山县高冈市是主要以黄铜制造佛具的产地，而FITAGAMI原本也是从事制作佛具为主的制造商。五年前们开始合作铸铜的产品企划，利用铸铜表面特有的质感做出各种设计商品是主要的合作内容。

当初就是构想利用铸铜的表面质感和其特有的低调光泽来做些什么。一开始以抽象的光线作为形体主题，然后把这意象形体转化成机能性的物品，就设计出日月星辰造型

的开瓶器与锅垫。目前的想法更自由些，今后打算把铸铜也运用制作出室内装潢的物品上。

文具和家具家饰品在进行设计时有何不同？

大治： 对我而言并没有特别不同。设计时先想象各种使用的可能状况，不只是好用的机能性而已，希望自己的设计能让人觉得"有这样东西存在会让空间感觉更好，若没有的话则会让人感觉单调寂寞"。

自己是否也有收藏文具的习惯？可有故事能与我们分享？

大治： 正因为始终找不到自己真正想用的文具品，而一直感到不方便。去年设计了铸铜材质的胶带台，这才总算在桌面上出现了让自己满意的东西。至于"原来不是文

具小物，也能当成书桌上的一个物品来使用"的经验小故事，曾收集日本江户时代所制作的漆盆，因其表面的漆已斑驳，无法让人使用在餐桌上，但是拿来当成收纳书桌上的小物品使用，不但刚刚好，也呈现出另一种不同味道的雅趣，发现这巧妙时可真是感到高兴！

你是否经常旅行？最近一次的旅行和哪些爱不释手的文具或生活用品相遇？

大治： 海外的出差机会比较多，每年平均要走访2～4个国家。去年在英格兰的牛津举办展示会时，在当地的一家店"objects of use"（www.objectsofuse.com）所遇见的生活用品与文具，其品目分类丰富仔细，让我很感动，特地买了书本专用的刷子回来呢！

大治将典 Oji Masanori
日本手工业设计师，1974 年生于日本广岛，毕业于广岛工业大学环境设计学系。主理 "Oji & Design" 设计事务所，设计涵盖日常生活物品及文具家具等，以简洁利落线条与擅用材质特色著称。2012 年策划成立 "工作手、传递手、使用手——手手手展览市"（TE TE TE Market），推广日本手工业设计的企划与营销。www.o-ji.jp

文_Kimi Huang　图片提供_放放堂

Oji 的文房具 5⁺

468.FUTAGAMI 黄铜纸镇
有三角形、正方形和菱形三种几何图形组合而成的黄铜纸镇。

469.FUTAGAMI 黄铜书挡
黄铜书挡，线条独特却不失稳重。

470.FUTAGAMI 黄铜笔筒
稳重的结构设计，在内壁以镀锡处理，防止氧化。

471.FUTAGAMI 黄铜胶带台
像摩天轮一般造型的黄铜胶带台。

472.FUTAGAMI 黄铜文具托盘
三个黄铜文具托盘，可以组合排列成一个整齐的长方形。

手的温度传达书写记忆

ystudio 物外设计——杨格、廖宜贤

ystudio（物外设计）由两位年轻设计师杨格、廖宜贤创立，以"文字的温度"为观念，提倡书写文化，通过他们设计的文具，让人感受从心而来的暖意。

是基于什么原因开始接触文具设计？

ystudio：我们所有的想法皆来自于生活中的事物。曾有一位出租车司机感慨地提到他的孙子才刚退伍，就当了朋友的保人，也因此背负了百万债务。这让我们思考着，失去书写习惯的我们，对于"文字的重量"那份责任与承诺感，是否少了深切的体悟，这是我们想要与大家分享这些想法的起点。

黄铜文具灵感的来源为何？

ystudio：我们提出了"文字的重量，书写的温度"这样的概念，希望能在这个快速轻巧的时代里，提醒大家文字书写的价值。所以我们选择了黄铜这样的素材，有着恰如其分的重量和质朴的气息，更会随着使用日渐氧化出迷人的手泽，像是人与器物间的对话。

文具设计和工业设计有何不不同？特别着重于哪里？

ystudio：我们其实没有明确地去区分。除了设计之外，物外其实花了更多的时间在谈书写的生活风格。键盘虽然方便，但很少有人用E-mail来求婚吧，重要的时刻我们仍然需要更多的温度和情感，这是只有书写能够承载的重量。

自己是否也有收藏文具的习惯？可有故事与我们分享？

ystudio：我们偶尔会收藏一些旧物，包含古董文具或老相机，曾在伦敦的Portobello Market买了一支于1893年黄金打造的Mordan铅笔套件，反复把玩爱不释手。这些旧物无论是造工或精神，皆是我们着迷与向往的，也是我们在产品上努力的目标。

你是否经常旅行？最近一次的旅行

和哪些爱不释手的文具或生活用品相遇？

ystudio：去年到日本，看见他们对书写和生活的想象。在当代，文具其实已经超越了一个书写的工具，转而成为了书写的生活风格，咖啡馆里的书写会是什么样子？旅行中的书写又会有何种样貌？产品因此而延展到桌上的小玩具、携带的配件，真正地融入了人们的生活当中。

文具对你而言有什么意义？

ystudio：前一阵子，我们着实地感受到文字通过书写传递的价值，像是亲手写了张感谢卡片给父母，甚至是老婆为自己写下50个优点的书信，所乘载的温度与情感是难以言喻的。这是一份逐渐褪逝的美好文化，通过我们的小小品牌与文具，希望传递给每个支持物外的朋友。

物外
ystudio

ystudio 物外设计

成立于2012年，由设计师杨格、廖宜贤共同创立，梦想制作可以使用一辈子的好东西。作为设计者，ystudio认为有责任要珍惜这些得来不易的资源，尽力制作出坚实良善的好器物，陪伴使用者的生活，甚至能够被一代又一代地传承。
www.ystudiostyle.com

文_叶静芳　图片提供_ystudio

ystudio的文房具5⁺

473. ystudio 自动铅笔
铜会依使用者与环境的不同而产生各种变化，随着时间氧化而产生的独特质感，使用铜油擦拭，即可恢复原来的光泽。没有任何表面处理，借由不断地使用，让材质留下属于自己的手泽。

474. ystudio 钢珠笔
配置适切的重量，在书写时的手感流畅而沉稳，笔身为黄铜，笔塞则为红铜。

475. ystudio 笔盒
由黄铜与胡桃木拼合制成的中空圆筒，使用时旋转开启上盖。

476. ystudio 笔筒
黄铜筒身、胡桃木底座、梧桐木盒。以黄铜圆柱切削而成，配上手工制作的胡桃木底座。

477. ystudio 原子笔
以简洁的形态和旋转使用塑造，兼具美感与实用性。

478

479

STATIONERY

买 文 具

STATIONERY

S H O P

478. NT Cutter 强化塑料文具组

这个工具组完全使用强化塑料制作，原产日本，内有镊子、各种螺丝起子、六角扳手、刮刀等等，有相当的强度和精密度可应付一般螺丝，如果施力太大也比较不会伤害螺丝并具有很好的绝缘性。外型如模型玩具般整齐固定在塑料框上，并设计收纳螺丝头的小突起物，让拆下的螺丝头可直接卡在框上，避免遗失、收纳方便。

479. 岐阜县关市超薄回收文具组 motta

日本岐阜县关市超薄回收文具组 motta 包括了剪刀、尺和书签，生产于日本制造刃物相当著名的岐阜县关市，本体由不锈钢和回收金属制成，产品环保，全金属制造，也可以重新回收利用，不需特别拆解。外型轻薄，方便携带，是旅行文具的好选择。

480. PARAFERNALIA Falter 2D 原子笔

PARAFERNALIA 出产的震撼（Falter 2D）原子笔是一款可由消费者自行 DIY 组装而成的笔款，可将套件组装成一支笔，其他套件尚可组成尺、笔架和钥匙圈等，任意组装之下可以有各种不同的变化，过程也是一种乐趣及挑战。

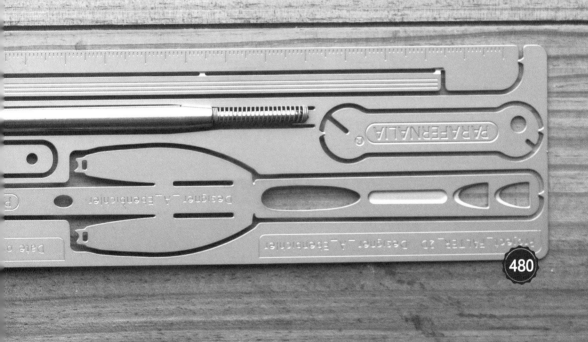

480

481. 深受文具迷喜爱的旅人笔记本，在成田机场店的富士山图案限定版。

TRAVELER'S FACTORY
带着手帐本环游世界

文_叶静芳　图片提供_TRAVELER'S FACTORY

TRAVELER'S FACTORY是日本文具品牌MODORI旗下的旅人手帐专卖店，从名字就可看得出来TRAVELER'S FACTORY的主题，提倡"带着手帐去旅行"的概念，借由手帐纪录下旅行的点滴过程，因此在店中可以找到各式各样跟旅行相关的小物品，也会不定时会举办与旅行相关的活动。以独特视角挑选的旅游书籍、咖啡的香气、轻松的音乐让店里更具旅行感。此外，位于中目黑的TRAVELER'S FACTORY设立于一座老式的纸加工厂中，坚固的外墙没有任何装饰，店中的墙壁及地板却重新改造，或许正因为这种冲突的工厂建筑氛围，更激发了工作的创意，创作出更多有趣实用的旅行文具用品！ 目前在成田机场开了分店，以"专属自己的旅行"为概念，让人有展开新旅程的憧憬。

Add 东京目黑区上目黑3-13-10
Tel +81 03-6412-7830
Web www.travelers-factory.com

好样思维 VVG Thinking
文具是书店最美的风景

文_叶静芳　摄影_王士豪

隐藏在华山红砖园区中，好样思维的前身是一座百年的樟脑丸工厂，空间设计上刻意保留工厂的古老红砖墙，特意体现粗犷的工业感。一楼是餐厅，供应着鲜花与美食，同时也是艺术家的作品展演空间，二楼书店贩卖着女主人Grace亲自挑选的生活物品，而文具是空间里最美丽的配角，来自意大利的标尺、法国的彩色铅笔，以及台湾地区本土设计师设计的文具和活版印刷卡片，好样思维不但营造着独树一帜的好氛围，也带来一股老物品新创意的风潮！

Add 台北市中正区华山文创产业园区．红砖六合院C栋（杭州北路与北平东路口）
Tel 02-2322-5573
Web www.facebook.com/vvgteam

482. 香港制本艺术家曾月脚的手缝笔记本。

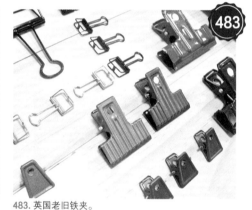

483. 英国老旧铁夹。

两眼一起\OOuuu
欧洲复古风文具店

文_叶静芳　图片提供_两眼一起\OOuuu

两眼一起\OOuuu是由两位年轻的设计师共同开设的文具店，店内氛围温暖而明亮，摆设着店主从国外挑选回来的文具，这些品牌当中不乏欧洲人童年时期的回忆，复古感强烈却又经典不灭，两眼一起\OOuuu的店主本身是设计师，也运用摄影创造出许多趣味感十足的画面及海报，为文具们带来有趣的诠释。值得推荐的除了匈牙利原子笔品牌ICO之外，店内也贩卖台湾经典文具品牌和平鸽（PEACE）办公用品，以桌上形公文柜为例，市面上已鲜少见到，白铁制造，淡淡的绿色不但复古且功能性强，就像是一个微型的机械物品。

Add 台南市中西区新美街189号
Tel 06-221-0356
Web www.facebook.com/oouuubrand

PAPIER LABO.
幽默趣味的活版印刷店

文_叶静芳　摄影_Johnny Ka

PAPIER LABO.是位于东京千驮谷的一家以各式各样纸制品，及印刷品为主的纸类专卖店，由两位纸制品爱好者的年轻店主共同经营，其中一位是活版印刷公司SAB LETTERPRESS的首席设计师，因为喜爱印刷品也在旅行中到世界各国进行搜集；PAPIER LABO.善用活版印刷的技术，以贩卖设计精美、纸张精良的笔记簿、日记、主题卡片和明信片等为主，如Mountain明信片是以铅笔描绘旅途中遇见的风景系列明信片，以及足部穴道明信片，将足部反射区图形化，适合送给身边工作忙碌的人。幽默趣味的设计和精美的活版印刷制作，深受文具迷的喜爱。

Add 东京涉谷区千驮谷3-52-5 104
Tel +81 03-5411-1696
Web www.papierlabo.com

484. 身兼店主与设计师的武井实子所设计的 memo 本，以打凹如老窗花般的亮黄色为封面纹理。

485.HAY 的透明夹链袋，Zip IT 简单将物品分门别类

DESIGN BUTIK
简约与缤纷组合的北欧风格

文_叶静芳　图片提供_DESIGN BUTIK

Butik在丹麦文的意思即为"Store"之意。DESIGN BUTIK是一间新型态的设计商店，以shop in shop in retail为基础，引进北欧设计家具、家饰与灯饰，其中丹麦品牌HAY的文具用品，线条简洁却设计感十足，仿佛一个独特的亮点，缤纷年轻的色彩吸引人们的目光！在一片日系风格的商店中，DESIGN BUTIK 创造的不只是贩卖设计商品的商店，更提供给在这座城市里人们一个体验北欧生活形态、所谓"nordic lifestyle"的空间情境。

Add 台北市松山区民生东路五段38号
Tel 02-2763-7388
Web www.designbutik.com.tw

瑞文堂
雅致温润的中古氛围

文_邱子秦　摄影_白仪芳

已经开了20多年的瑞文堂，从一开始老板亲自到意大利搜罗各式文房具，包括Rubinato的玻璃笔、羽毛蘸水笔、墨水，以及Manufactus的手工笔记本。老板亲眼见证当地师傅一针一线，将小牛皮和手工纸张织起而成。在店里还能发现老板的收藏品，小书艺品一本本精巧的置于架上，独具历史感的打字机，每个小角落都有值得发现的小美丽。

Add	台北市民生东路三段119号7楼
Tel	02-2712-3496
Web	www.rewentung.com

486. 除了进口意大利的文房具，瑞文堂也贩卖台湾生产的墨水。

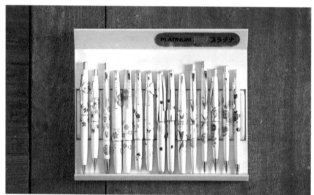

487. 店内最受欢迎的独家设计，皮质 isu 式摊开型笔袋。

萤窗舍 KEISOSHA
世界各地文具迷的朝圣地

文_叶静芳　摄影_Johnny Ka

萤窗舍 KEISOSHA 是位于东京北区田端的一间小型文具店，狭小的店内光是挤进两三位客人就会无处下脚。主要贩卖已经停止生产的古老文具及原创文具，其中最受欢迎的是独家设计的皮质笔袋"isu 式摊开型笔袋"，由笔类爱好家所构思，小小的笔袋大大的空间，方便携带。萤窗舍 KEISOSHA 搜罗到已经停止生产的文具中，包括三四十年前贩卖的钢笔、原子笔、自动铅笔等，由于作工精良，笔身上绘有郁金香、铃兰等花纹，典雅可爱，广受女性欢迎。此外，萤窗舍 KEISOSHA 也发行原创文具杂志《port-mine》，甚受世界各地的文具迷喜爱！

Add 东京北区田端 4-3-3 MARUIKE HOUSE 201号室
Tel 090-4536-8224
Web www.keisosha.com

papelote
美劳教室般的概念文具店

文_叶静芳　图片提供_papelote

一家位于捷克布拉格的概念文具店papelote，店内所售的文具皆出自于两位店主兼设计师之手，包含手工活版印刷，以及配色鲜明、造型有趣的文具用品。店内空间以层架及丰富多彩的壁纸带来新鲜的视觉感受，好像孩童的美劳教室般，带给人们对于纸品、印刷品及文具用品一种透明干净的思维，也为纸制品注入了生命。papelote的另一个身份是创意工作室pape.lab，它提供创意的包装以及客制化的服务，可以订制日历、日记本、行事历等，服务多元且创意十足。

Add Vojtesska 9, Prague 1, 110 00 Czech Republic
Tel +420-774-719-113
Web www.papelote.cz

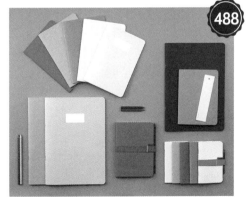

488.papelote 的文具以大量色块组成，笔记本附上鲜艳色彩绑带是它的特色。

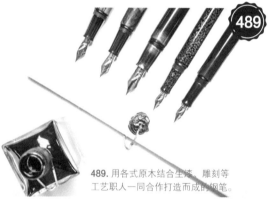

489. 用各式原木结合生漆、雕刻等工艺职人一同合作打造而成的钢笔。

尚羽堂
体验传统工艺的美好

文_邱子秦　摄影_白仪芳

藏于公寓内的尚羽堂，专门贩卖具历史工艺感的文房具，来到这里可以尽情体验各式来自意大利的蘸水笔和墨水。店主对于蘸水笔、封蜡章和手工纸更拥有丰富的知识，细细为客人讲解各种笔头、墨水的特性以及历史，只为让大家真心喜欢这些古老文房具，并借由亲自示范英文书法，再现文字书写的魅力。除此之外，还能看见店主与当地生漆、木雕师傅合作而成的工艺钢笔，每一支都是世上独一无二的。

Add 台北市大安区罗斯福路三段335号12楼之一
Tel 02-2366-0260
Web www.finewriting.com.tw/shop

好物私塾
漫步台南老洋房寻宝

文_叶静芳 图片提供_好物私塾

好物私塾，位于台南中西区，独栋的老建筑，白色和原木色调让这栋老洋房散发着温暖恬静的氛围。推开设计成回形针和铅笔形状的门把，让人一头栽入文具迷人的世界里。店中网罗了世界各地的独特文具用品，包括来自东京银座的月光庄、充满都会风的伊东屋、京都传统的和风文具、来自北欧特色画家KUBBE的插画系列、英伦文具P&C、台湾地区书衣设计品牌Ultrahard，以及意大利国宝级文具品牌Fabriano，每一个品牌都拥有其鲜明的功能和美感。此外，好物私塾也提供下午茶餐饮，在有阳光的午后到这里寻宝时，也顺便喝杯茶吧！

Add 台南市中西区中正路304号
Tel 06-222-6845
Web www.facebook.com/qualitygoodstw

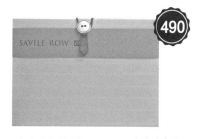

490. 意大利文具品牌 Fabriano，创意来自于伦敦一条以订制西装闻名的街道 Savile Row，以手工缝制钮扣与领带造型束带为设计。

491

491. 日本 APICA 25 周年纪念的绅士笔记本，如绅士般对细节严谨，特殊研发纸张滑顺好写。

诚品精品文具馆
弥足珍贵的笔墨魅力

文_叶静芳　图片提供_诚品eslite

如果诚品书店是城市的公园，那么诚品精品文具馆便是能提供人们美好生活的亮点。书写工具是日常最亲密的道具，书写也是一种传递文化的经验，诚品精品文具馆提供精致而更具个人风格与品味的钢笔文具，每一支精选笔都有其独特魅力，无论是笔身材质、手工打造的笔帽等，还是通过墨水展现一道道笔画和纹路的独特之处，在一切讲求速度与效率大量复制生产的年代，弥足珍贵。

Add 诚品信义旗舰店 台北市信义区松高路11号2F
Tel 02-8789-3388
Web www.esliteliving.com

直物生活文具
专注于文具的本质

文_叶静芳　摄影_王汉顺

直物生活文具位于台北市公馆的巷弄内，是一家如果不仔细找就可能会错过的小店，但其丰富多样的经典文具品类，早已为文具迷口耳相传。直物生活文具所提供的产品均传递几个概念：没有浮夸设计、强调机能与注重文具的本质。因此店主所挑选的每一款文具都是亲自使用后觉得满意，才会推荐。或许是在这样的理念下，店中所卖的商品以内外兼具的日系品牌为主，没有太多花俏的样式，但是款款经典，店主沈昶甫更具备丰富的文具知识，文具迷不可错过这家好店。

Add 台北市中正区罗斯福路三段210巷8弄10号之1
Tel 0975-875-120
Web www.plain.tw

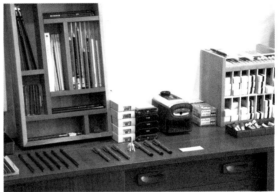

492. 德国 Schwan notabene 的复古铅笔。

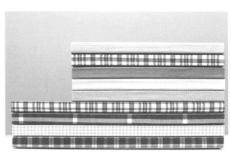

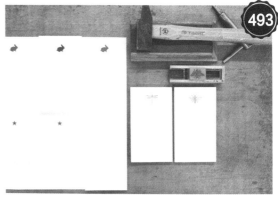

493. 动物和昆虫图案的书写纸，以传统凸版手工印刷加上手绘蜜蜂、蜻蜓、白兔等图案。

le typographe
手工装帧印刷的浪漫

文_叶静芳　图片提供_le typographe

位于比利时布鲁塞尔的le typographe专门贩卖各式各样的文具、纸类及印刷品，狭长挑高的店面，地板及墙面刻意保留古朴的质感。店内最为重量级的是一部古董海德堡印刷机，用来印制le typographe自行设计的笔记本、各样纸类卡片及印刷物，他们也通过迷人的木制活版印刷设备及技术，创造优雅而美丽的印刷品。坚持手工装订及采用专业的印刷技术，通过纸创造出浪漫的文字符号，同时表现独一无二的色彩，这一直是le typographe坚持的信念与传统。

Add Rue Americaine 67 1050 Bruxelles Belgium
Tel +32-2345-1676
Web www.typographe.be

小品雅集
来自世界各地的笔齐聚一堂

文_邱子秦　摄影_白仪芳

位于瑞安街静谧的住家巷弄内，一到开店时间客人就会不断涌进，站着坐着谈论各种笔的特性材质，又有什么新的笔款或者特殊纪念款，因为这里拥有无数来自世界各地品牌的钢笔，从德国FABER-CASTELL、法国 S.T.Dupont、美国PARKER到意大利Visconti，还有受到大众喜爱的日本文具品牌MIDORI，可以尽情询问、试写，让书写的体验与满足可以一次到位。唯有通过自己的手才能找到最适合自己的笔，是这家店十几年下来不变的信念。

Add 台北市大安区瑞安街208巷76号
Tel 02-2707-9737
Web www.tylee.tw

494. 赛璐珞和式风格的钢笔，柔化了钢笔的阳刚气质。

495. Rubinato 封蜡条，分为具花纹和平滑两种，皆附蜡芯，色彩丰富。

Giovanni
传承古老工艺的文具

文_叶静芳　摄影_Johnny Ka

位于东京吉祥寺，穿过中道通商店街到底，Giovanni位于一个有阳光的角落，店内贩卖着店主、同时也是文具收藏家的高梨浩一，从欧洲带回来的意大利文具用品，店里弥漫着淡淡的古老纸张，以及意大利手工封蜡的香气，并贩卖款式众多的封蜡章与封蜡，还有为数不少的玻璃蘸水笔。这些被列为国宝级的手工蘸水笔及羽毛笔等，通过高梨浩一的努力从欧洲来到日本，我们才能在今日于店中看到这些传承着古老工艺的美丽文具。

Add　东京武藏野市吉祥寺本町4-13-2
Tel　+81 04-2220-0171
Web　www.giovanni.jp

放放堂
历久弥新的经典设计

文_叶静芳　图片提供_放放堂

位于台南中西区的放放堂，用老宅改装成一间有着挑高屋顶LOFT风格的生活杂货店，贩卖来自世界各国的设计物品以及风格选品，放放堂保留老旧建筑的扎实红砖墙，更显现老台南的复古氛围。文具的部分则引进日本FUTAGAMI大治将典的黄铜文具系列，金属材质在氧化之后反而更能呈现隽永的色泽与使用感，在放放堂从设计单品到生活经典，以及文具商品，都让人感受到台南的好生活与惜物爱物的好风气。

Add 台北市松山区富锦街359巷1弄2号　　Add 台南市中西区大新街72巷4号
Tel 02-2766-5916　　　　　　　　　　Tel 06-222-9339
Web www.facebook.com/funfuntown

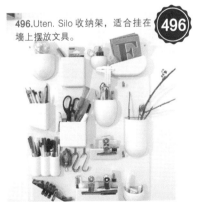

496.Uten. Silo 收纳架，适合挂在墙上摆放文具。

496

497. 以印第安概念所设计的几何图纹笔记本。

Papier Tigre
俏皮的几何构成文具

文_邱子秦　图片提供_Papier Tigre

Papier Tigre是法国巴黎的原创文具品牌，由三位醉心于艺术的的创意人共同打造。店内呈现个性趣味气息，无论是三角形组合而成的品牌Logo老虎头、墙上三角拼贴收纳袋、纸制多色笔筒或者利落有型的笔记本，皆以几何线条及清新而鲜明的色彩构成，主打环保材质运用结合创意新鲜的功能，于法国当地制作生产。此外，这种独特的风格也延伸到服装产品上，小巧精致的徽章、木制太阳眼镜，用独到的设计吸引目光。

Add 5 rue des Filles du Calvaire – 75003 Paris
Tel +33-1-4804-0021
Web www.papiertigre.fr

礼拜文房具
改变你桌上的风景

文_叶静芳　摄影_王汉顺

安和路巷内的礼拜文房具，是文具迷必去朝圣的文具店之一。这里搜罗欧洲、美国与日本的文具，大多是具有悠久历史的品牌。这里就像是欧洲老铺般迷人，又如同一间小型的文具博物馆让人驻足不前，仿佛洋溢着文具的香气和历史的痕迹，却不失新时代感的氛围。店中贩卖商品的价格从十几元到上万元台币不等，十足符合大众的需求，无论是复刻的经典铅笔，或是记忆里的橡皮擦香气，来到礼拜文房具，总让人忍不住能有满满令人爱不释手的收获！礼拜文房具在高雄驳二艺术特区大义仓库设有分店，让南台湾的文具迷也可以满载而归。

Add 台北市大安区乐利路72巷15号　　Add 台南高雄市驳二艺术特区大义仓库C6-10
Tel 02-2739-1080　　　　　　　　　Tel 07-5216-823
Web www.toolstoliveby.com.tw

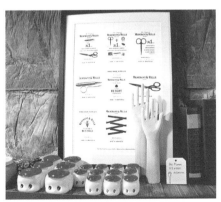

498. Sailor-Clear-Candy 复刻限量钢笔，色彩饱和，配色多样。

摄影◎王士豪

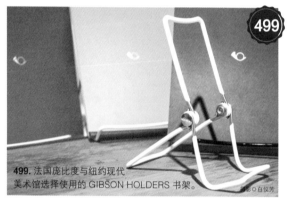

499

499. 法国庞比度与纽约现代
美术馆选择使用的 GIBSON HOLDERS 书架。

摄影◎白仪芳

61NOTE shop & tea
温暖人心的经典设计

文_叶静芳　摄影_王士豪、白仪芳

61NOTE shop & tea是一家专卖生活风格杂货的商行，由店主夫妇精心挑选物品。如来自日本东京的手工帆布包品牌TEMBEA，强调扎实的纯棉帆布，耐用且款式经典历久弥新。来自德国的刷具REDECKER、美国天然熏香JUNIPER RIDGE等。当然还有经典的文具用品，日本燕子笔记本、月光庄文具以及日本手工书信用纸，这些温暖人心的物品虽然设计简单，但即使经过时间的变化，也能一直被珍惜使用，是不会过时且经典的设计。

Add 台北市南京西路64巷10弄6号
Tel 02-2550-5950
Web www.61note.com.tw

穗高株式会社 Kakimori
与职人相会的订制笔记本

文_彭永翔　摄影_Johnny Ka

位于日本东京的穗高株式会社Kakimori，整间店呈现温暖干净的质气。其中一面墙布满纸张，它们都是提供订制笔记本的素材。上头标示着制作流程，可以选择封面、内页、圈线，皮革、塑料或者要加上绑线，而这些原创纸制品，是老板广濑与日本当地二十几位老职人合作的成果，除了纸的特殊性外更将传统文化精神留存下来。广濑认为文具是要被人使用的，因此成立这家店希望提供一个可以让大家尝试书写乐趣的场所。

Add 东京台东区藏前4-20-12
Tel +81 03-3864-3898
Web www.kakimori.com

500

500. 轻井泽的玻璃笔匠所制作的色彩编织玻璃蘸水笔。

INDEX
WHERE TO BUY? 如何买？

实 体 店 铺

台北

61NOTE shop & tea | www.61note.com.tw | 02-2550-5950

036、156、221、222、346、347、376、377、423、442、465、499

DESIGN BUTIK | designbutik.com.tw | 02-2763-7388

241、410、411、426、427、428、429、464、485

MOT/CASA | www.motstyle.com.tw | 02-8772-7178

006、301、302、303、304

MOT × nordic（北欧橱窗）| www.nordic.com.tw | 028-772-6060

313、431、435、436、380、381、382、383

SÜSS Living | www.facebook.com/sussliving | 02-3365-3108

386

小品雅集 | tylee.tw | 02-2707-9737

034、037、056、057、058、060、061、062、063、064、065、070、071、083、094、096、103、104、106、
163、164、165、172、183、185、216、276、378、494

台北光点 | www.facebook.com/SPOTDESIGNTAIPEI | 02-2522-2387

102、133、188、257

好样思维VVG Thinking | www.facebook.com/vvgteam | 02-2322-5573

031、032、033、035、038、039、040、139、140、141、298、299、300、473、474、475、476、477、482

放放堂 | www.facebook.com/funfuntown | 02-2766-5916

468、469、470、471、472、496

尚羽堂 | www.finewriting.com.tw/shop | 02-2366-0260

229、231、232、233、234、235、254、255、258、262、263、264、265、266、267、268、269、270、274、
275、277、278、279、280、281、282、283、284、285、439、440、441、489

直物生活文具 | plain.tw | 0975-875-120

016、041、067、068、069、073、084、085、089、101、107、109、110、111、112、114、147、148、149、
151、152、153、154、155、157、158、159、161、162、166、167、170、171、174、175、189、198、213、
214、215、223、224、243、296、297、310、311、320、322、324、331、332、333、349、350、357、361、
385、444、478、479、492

叁拾选物30Select | www.30select.com | 02-2367-3398

131、135、187、244、245

瑞文堂 | www.rewentung.com | 02-2712-3496

081、137、230、259、260、261、286、287、288、379、486

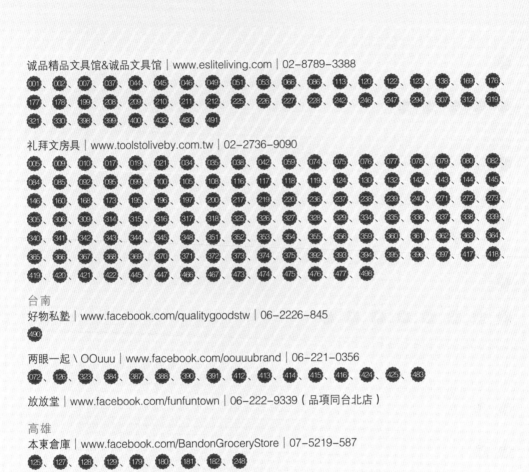

诚品精品文具馆&诚品文具馆 | www.esliteliving.com | 02-8789-3388

001、002、007、037、044、045、046、049、051、053、066、086、113、120、122、123、138、169、176、
177、178、199、208、209、210、211、212、225、226、227、228、242、246、247、294、307、312、319、
321、330、398、399、400、432、480、491

礼拜文房具 | www.toolstoliveby.com.tw | 02-2736-9090

005、009、010、017、019、021、034、035、038、042、059、074、075、076、077、078、079、080、082、
084、085、092、095、099、100、105、108、116、117、118、119、124、130、132、142、143、144、145、
146、160、168、173、195、196、197、200、217、219、220、236、237、238、239、240、271、272、273、
305、306、309、314、315、316、317、318、325、326、327、328、329、334、336、337、338、339、
340、341、342、343、344、345、348、351、352、353、354、355、356、359、360、361、362、363、364、
365、366、367、368、369、370、371、372、373、374、375、392、393、394、395、396、397、417、418、
419、420、421、422、445、447、466、467、473、474、475、476、477、498

台南

好物私塾 | www.facebook.com/qualitygoodstw | 06-2226-845

490

两眼一起 \ OOuuu | www.facebook.com/oouuubrand | 06-221-0356

072、126、323、384、387、388、390、391、412、413、414、415、416、424、425、483

放放堂 | www.facebook.com/funfuntown | 06-222-9339（品項同台北店）

高雄

本東倉庫 | www.facebook.com/BandonGroceryStore | 07-5219-587

125、127、128、129、179、180、181、182、248

禮拜文房具 | www.facebook.com/ToolsToLiveby | 07-5216-823（品項同台北店）

日本

Giovanni | www.giovanni.jp | +81-04-2220-0171

022、027、028、029、495

PAPIER LABO. | papierlabo.com | +81-03-5411-1696

484

TRAVELER'S FACTORY | www.travelers-factory.com | +81-03-6412-7830

010、216、481

MUCU | mucu.jp

090、218、219、220、443

中川政七商店 | www.yu-nakagawa.co.jp

358

萤窗舍KEISOSHA | keisosha.com | 090-4536-8224
(487)

穗高株式会社Kakimori | www.kakimori.com | +81-03-3864-3898
(091)、(256)、(446)、(448)、(500)

比利时
le typographe | www.typographe.be | +32-2345-1676
(493)

法国
Papier Tigre | www.papiertigre.fr | +33-1-4804-0021
(497)

捷克
papelote | www.papelote.cz | +420-774-719-113
(488)

KOH-I-NOOR | www.koh-i-noor.cz | +420-389-000-200
(116)、(117)、(118)、(119)、(184)、(186)、(187)、(188)

W E B s i t e

设计师
22designstudio | www.22designstudio.com.tw | 02-2395-1970
(093)、(308)

ichihan | www.ichihan.net
(138)、(169)

Ultrahard | www.ultra-hard.net | 02-2711-6258
(242)、(246)、(307)、(312)

一郎木创 | wood-design.tw | 03-4115413
(123)、(319)、(321)、(432)

水越设计 | www.aguadesign.com | 02-2579-2528
(225)、(226)、(227)、(228)

木子到森 | www.mozidozen.com | 0918-878-080
(097)

物外设计 | www.ystudiostyle.com
(035)、(038)、(473)、(474)、(475)、(476)、(477)

大治将典 | www.o-ji.jp
(468)、(469)、(470)、(471)、(472)

品牌
Book Darts | www.bookdarts.com
378

CROSS | www.cross-tw.com.tw | 0800-226-868
　　　 | www.cross.com
043、048、054、088

dunhill | www.dunhill.com
087

FABER-CASTELL（辉柏） | www.faber-castell.com.cn
045、046、052、113、114、115、150、183、185、209、210、211、212、295

HERMÈS（爱马仕） | www.hermes.com
401、402、403、404、405、406、407、408、409

LOUIS VUITTON（LV） | www.louisvuitton.cn | 400-6588-555
202、203、205

MONTBLANC（万宝龙） | www.montblanc.cn
003、004、047、050、055、204、206、207

PRADA | www.prada.com
008、201

月光贸易（TOMBOW） | moonlight-co.com.tw | 02-2555-0656
094、096、120、122、176、177、178

其他
citiesocial | www.citiesocial.com | 02-23932610
134、136、437

Cherry Books & Living | www.cherrybooksnliving.com
102、133、188、257

familybook | www.familybook.is | 02-2656-0578
430、433、434、438

GREEN IDEA | www.facebook.com/greenidea2013
433、434

玉兔铅笔 | www.rabbit1.com.tw | 03-9653670
098、121

（按笔画排序）

图书在版编目（CIP）数据

文具圣经 / LaVie编辑部编著. — 北京：台海出版
社，2016.9（2017.8重印）
ISBN 978-7-5168-1194-8

Ⅰ. ①文… Ⅱ. ①L… Ⅲ. ①文具－介绍－世界
Ⅳ. ①TS951

中国版本图书馆CIP数据核字（2016）第239316号

文具圣经

编　　著：LaVie编辑部

责任编辑：刘　峰　曹文静　　　　　特约编辑：王　维
装帧设计：林宜德　　　　　　　　　责任印制：张　涛

出版发行：台海出版社
地　　址：北京市朝阳区劲松南路1号　　　邮政编码：100021
电　　话：010-64041652（发行，邮购）
传　　真：010-84045799（总编室）
网　　址：www.taimeng.org.cn/thcbs/default.htm
E－mail：thcbs@126.com

经　　销：全国各地新华书店
印　　刷：小森印刷（北京）有限公司
本书如有破损、缺页、装订错误，请与本社联系调换

开　　本：700mm×970mm　　　　　　1/16
字　　数：200千字　　　　　　　　　印　　张：14.75
版　　次：2016年11月第1版　　　　　印　　次：2017年8月第2次印刷
书　　号：ISBN 978-7-5168-1194-8

定　　价：68.00元

人气必收经典设计文具500选

文具圣经

LaVie 编辑部　编著

台海出版社

文具圣经

人气必收经典设计文具500选

LaVie 编辑部 编著

台海出版社